宁夏贺兰山生态修复与可持续管理对策研究

刘秉儒　杨鹏斌　刘可心　著

经济管理出版社
中国环境出版集团

图书在版编目（CIP）数据

宁夏贺兰山生态修复与可持续管理对策研究 / 刘秉儒，杨鹏斌，刘可心著. —北京：经济管理出版社，2022. 12

ISBN 978-7-5096-8862-5

Ⅰ.①宁… Ⅱ.①刘… ②杨… ③刘… Ⅲ.①贺兰山—生态恢复—研究—宁夏 Ⅳ.①X171.4

中国版本图书馆 CIP 数据核字（2022）第 248618 号

组稿编辑：杨国强
责任编辑：杨国强
责任印制：黄章平
责任校对：王淑卿

出版发行：经济管理出版社
（北京市海淀区北蜂窝 8 号中雅大厦 A 座 11 层 100038）
网　　址：www.E-mp.com.cn
电　　话：（010）51915602
印　　刷：唐山玺诚印务有限公司
经　　销：新华书店
开　　本：720mm × 1000mm 1/16
印　　张：14.25
字　　数：240 千字
版　　次：2022 年 12 月第 1 版 2022 年 12 月第 1 次印刷
书　　号：ISBN 978-7-5096-8862-5
定　　价：65.00 元

编写组成员

学术顾问：胡振琪　白中科　黄占斌　赵廷宁　刘贤德

主　　编：刘秉儒　杨鹏斌　刘可心

参编人员：史常青　张成梁　何彤慧　黄占斌　胡振琪
李国旗　李陇堂　李　英　刘贤德　姜兴盛
马　剑　孟兴国　璩向宁　申新山　脱向银
杨　普　杨　社　张学龙　赵廷宁　赵维俊
赵文象　赵晓英　田俊颉

前 言

宁夏回族自治区（以下简称宁夏）三面环沙、气候干旱、生态环境脆弱。贺兰山是我国西北地区重要的生态屏障，在防风固沙、涵养水源、生物多样性保护等方面发挥着举足轻重的作用。同时，贺兰山因富藏煤炭、硅石等资源，是宁夏从近代到现代建设发展的巨大资源宝库。1988 年，宁夏贺兰山自然保护区被列为国家级自然保护区，但是以采矿为主的人类活动依旧频繁，不但破坏了植被，造成了水土流失，而且还会诱发山体滑坡等地质灾害，对生态环境造成极大破坏。

党的十九大报告提出，建设生态文明是中华民族永续发展的千年大计。2016 年 7 月，习近平总书记在宁夏考察时明确指出，宁夏是西北地区重要的生态安全屏障，要大力加强绿色屏障建设。2020 年 6 月，习近平总书记来到宁夏考察时指出，贺兰山是我国重要自然地理分界线和西北重要生态安全屏障，维系着西北至黄淮地区气候分布和生态格局，守护着西北、华北生态安全。我们要加强顶层设计，狠抓责任落实，强化监督检查，坚决保护好贺兰山生态。

宁夏高度重视生态文明建设和环境保护工作，自觉转变传统发展理念，落实习近平总书记“绿水青山就是金山银山”理念和“山水林田湖草是生命共同体”的系统思想，把思想和行动统一到自治区党委“生态立区”战略、“坚持把贺兰山作为一个整体来保护”的要求上来，坚决打赢贺兰山生态“保卫战”，为子孙后代留下绿水青山。

自 2017 年 5 月宁夏正式打响贺兰山生态“保卫战”以来，彻底关停了贺兰山自然保护区内所有煤矿、非煤矿山、洗煤储煤厂等，并实施了一系列生态环境整治措施。目前，贺兰山自然生态保护区生态整治取得阶段性成果，解决了贺兰山突出的环境问题。未来还需付出更大努力，一些有关可持续发展关键问题的解决，如通过建立贺兰山生态环境保护长效机制，逐步恢复贺兰山自然生态本底，筑牢我国西北地区生态安全屏障等，需要有权威的专家学者把脉献策。为此，在国内外知名专家的协助和参与下，刘秉儒、杨鹏斌等精心组织，聚焦贺兰山生态修复的现有科研成果，借鉴周边省区同类型地区先进做法和经验，编著本书。本书共分 6 章，第 1 章概述了贺兰山生态屏障综合管理的对策与建议，第 2 章至第 6 章依次为西部生态屏障综合管理、干旱区矿山生态修复新材料新技术、贺兰山保护区煤矿企业生态转型发展、自然保护地体制机制改革与国家公园建设、旱区生物多样性保护与利用。

本书受宁夏重点研发计划项目"贺兰山保护区采煤迹地生态修复技术与模式研究"（项目编号：2018BFG02002）、国家重点研发计划项目"西北干旱荒漠区煤炭基地生态安全保障技术"（项目编号：2017YFC0504400）资助，以及北方民族大学高层次人才引进启动项目（项目编号：2019KYQ001）的协助，特别感谢北方民族大学"生态学"一流学科给予的出版经费支持。我们对本书编校人员在图书出版过程中给予的帮助致以最真诚的谢意，对宁夏科协领导给予的支持和鼓励致以最诚挚的谢意。

矿山生态修复是当前我国生态环境治理的难点之一，也是多学科交叉研究的前沿科学问题，更是社会可持续发展和生态环境保护的重要部分，备受各界科技工作者和生态企业的关注，因此需要更多成熟理论和技术成果面向生态适应区示范推广，为美丽中国多做贡献。本书成果为宁夏矿山生态修复、西北同类型地区的生态修复提供理论支持和技术借鉴，可供环境管理者、工程技术人员、高校科研机构工作者和研究生阅读、参考。不妥之处，敬请广大读者批评指正。

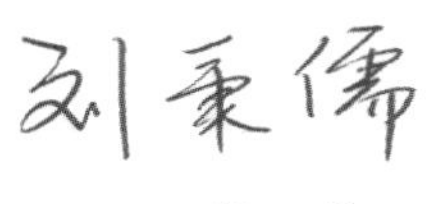

2020 年 9 月

目　录

第 1 章　总论

1.1　贺兰山矿区土地复垦与生态修复

1.1.1　贺兰山生态功能定位

贺兰山地处蒙古高原、黄土高原与青藏高原的交界地带，是我国生态安全战略格局“两屏三带一区多点”中“黄土高原—川滇生态屏障”“北方防沙带”“点块状分布重点生态区域”的重要组成单元。

贺兰山作为腾格里沙漠、毛乌素沙地、乌兰布和沙漠的分界线，阻隔了腾格里沙漠的东侵，截断了蒙古冷高气流，确保了黄河在宁夏平原得以畅流，成就了“天下黄河富宁夏”“塞上江南”的美誉。

贺兰山是我国风沙干旱森林生态系统的典型代表地带，保存着我国西北干旱区较为罕见的森林生态系统、异常珍贵的动植物资源，是我国唯一一个位于北方的生物多样性中心。

2016 年 7 月 19 日，习近平总书记在宁夏回族自治区考察时指出，宁夏是西北地区重要的生态安全屏障，要大力加强绿色屏障建设；要加强黄河保护，坚决杜绝污染黄河行为，让母亲河永远健康。在 2018 年 10 月宁夏回族自治区成立 60 周年之际，习近平总书记为宁夏题词“建设美丽新宁夏，共圆伟大中国梦”，体现了以习近平同志为核心的党中央对宁夏加强生态建设的高度重视和殷切希望。

2018 年，全国两会期间，有人大代表提出加大对宁夏山水林田湖草生态保护修复投入的建议，被列为全国人民代表大会重点建议。

1.1.2 贺兰山野外调查初步印象

宁夏土壤环境质量整体优良，农用地土壤环境质量类别绝大多数为优先保护类；极个别土壤调查点位的评价结果为安全利用类，且零星式分布；基本不存在严格管控类土壤点位。极少数的重金属超标土壤点位中，超标元素主要为镉。交通运输、农业生产以及部分工业活动产生的污染物是这些土壤点位超标的主要原因。虽然宁夏土壤环境质量状况整体较好，但部分地区依然呈现土壤污染物含量升高的趋势，个别区域依然存在土壤污染加剧的可能性。因此，决不能因为本底好，而忽略宁夏的土壤污染问题。今后要加大土壤监管力度，加强土壤环境综合管理，做好土壤污染防控工作。

通过为期一天的野外调研，对贺兰山生态修复现状的初步印象如下：

（1）地壳抬升剧烈，褶皱发育极其明显。

（2）煤质较好，主要为无烟煤、太西煤。

（3）露天开采对地貌、土壤、植被、水文、景观的影响较大，露天开采工艺本身没有多大问题，问题出在前期没按露天开采与生态修复的规范操作（剥离—采掘—运输—排弃—造地—复垦—管护一体化操作）进行，从而对生态环境造成不良影响。

（4）主要保护对象是干旱山地自然生态系统及其生物多样性，特别是马鹿、岩羊、马麝等珍稀濒危动物的栖息地，因此，在这个生态敏感地带，煤质开采可能要让步于珍稀濒危动物栖息地保护。

（5）生态修复可以补救对环境造成的影响，关键是必须重塑地貌、重构土壤，使物质和能量再分配，最大限度地利用天然降水，为人工支持下的植被自然修复提供基础，消除制约生态修复的灾害性因子和障碍性因子。

（6）宁夏回族自治区自然资源厅科技发展与地理信息管理处以及贺兰山生态修复工程项目管理中心已在积极组织多方力量有效开展相关工作。

（7）由北方民族大学刘秉儒教授团队主持的宁夏回族自治区重点研发计划项目“贺兰山保护区采煤迹地生态修复技术与模式研究”，北京林业大学赵廷宁教授团队主持的“十三五”重点研发计划项目“西北干旱荒漠区煤炭基地生态安全保障技术”，可在助推贺兰山矿山废弃地生态修复中发挥重要作用。

1.1.3 贺兰山矿区土地复垦与生态修复工程不足的初步诊断

根据短期调查，贺兰山矿区露天开采，对原地貌形态、河流、水系及人居环境造成极大影响，尤其是外部排土场为大型人工松散堆积体，在暴雨期发生类似地质灾害的隐患极大，如不及时采用先进适用的综合整治技术，修复已造成的创伤，将会带来负面的社会影响，甚至会影响中央对宁夏贺兰山生态保护目标的践行，乃至现有已修复技术模式的成果“流产”，更谈不上该技术模式在其他类似地区的推广。

初步分析存在这些隐患的原因是尚未在开采过程中真正遵循以下原则：

一是目标一致性原则。尚未真正遵循《中华人民共和国土地管理法》《中华人民共和国水土保持法》《中华人民共和国森林法》《中华人民共和国草原法》《中华人民共和国循环经济促进法》《规划环境影响评价条例》《土地复垦条例》《土地复垦条例实施办法》《地质灾害防治条例》等法律法规的要求，尚未以《土地复垦质量控制标准》等行业标准的实现为目标。

二是过程控制性原则。尚未真正体现剥离—采掘—运输—排弃—造地—复垦—管护过程控制，缺失地貌重塑、土壤重构、植被重建、景观再现、生物多样性重组质量控制标准、调查技术规程、建设标准和验收标准。

三是生态环境保护原则。尚未真正遵循保护土壤、水资源和环境质量、保护生态、防治水土流失、防治地质灾害的原则，河流生态廊道、生物多样性廊道、景观廊道生态新格局构建方案缺失。

四是风险防范原则。尚未真正将开采过程中对当地生物体、种群和生态系统造成的风险控制在最小范围内，缺乏生态风险防范技术。

五是因地制宜性原则。尚未真正根据土地损毁类型、流域地貌、气候植被、地质水文等自然条件，以已有的土地复垦与生态修复为案例，适当考虑生产、建设和科学技术发展的要求，合理确定土地复垦与生态修复的工程措施。

六是科学及实用性原则。尚未真正合理利用土地资源、水资源和生物资源，缺失对先进适用、经济合理、安全可行的新技术、新工艺、新设备、新材料的应用。

七是景观协调原则。尚未真正对破碎的景观进行整体调研规划，对不良景观进行整治和优化，从营造良好的人居环境角度进行设计和施工。缺失与以生态网络建设为纽带、以水土资源保护与利用为核心的总体规划、功能定位等景观肌理良好融合的方案。多年来，矿区土地复垦仅局限于狭义上的矿区概念来开展，即以矿山生产作业区为核心的小区域，从零散分布演变到集中连片。这种狭义上的矿区土地复垦无法满足新时期按照流域或区域进行“整体保护、系统修复、综合治理”的要求。

1.1.4 贺兰山土地复垦与生态修复工程优化方案建议

1.1.4.1 目标与任务

为规范贺兰山矿区生产建设活动损毁土地复垦与生态修复工作，提高贺兰山矿区土地复垦与生态修复质量，推进贺兰山矿区土地复垦与生态修复管理的制度化建设，根据国家、行业及宁夏有关法律、法规、政策和技术标准，应尽快制定《贺兰山矿区土地复垦与生态修复生态本底调查技术规程》《贺兰山矿区土地复垦与生态修复技术规程》《贺兰山矿区土地复垦与生态修复工程建设与质量验收标准》等。

上述标准规定了贺兰山矿区排土场、露天采场和工业场地等损毁土地复垦与生态修复的技术标准，适用于贺兰山矿区土地复垦与生态修复专项规划、方案编制、工程规划设计、工程建设验收、监测监管以及复垦土地的可持续利用等活动。

1.1.4.2 基本思路

一是研究尺度从矿山到矿区的转变；二是研究目标从个体到整体的转变；三是技术创新从问题诊断到技术筛选的转变；四是生态安全从科学到政策的倒逼。

具体要求包括以下几点：

（1）进一步摸清贺兰山的矿山环境地质问题，如崩塌、滑坡、泥石流、地面塌陷、地裂缝、地面沉降、占用与破坏土地、水均衡破坏等问题；进一步摸清贺兰山主要矿山固体废弃物分布情况；进一步摸清贺兰山矿产资源主要开采区地质环境问题。

（2）在上述基础上，进一步摸清不同地貌类型矿山企业分布、不同河流矿山企业分布、不同植被类型矿山企业分布、不同土壤类型矿山企业分布；进一步确定哪些需要自然修复，哪些需要人工前期支持诱导；力求生态修复做到由“开刀治病”转向“健康管理”。

（3）进一步建立“遥感＋社会传感＋测试化验＋操作”系统，连续跟踪贺兰山自然保护区资源环境变化情况。宁夏涉及国家级自然保护区 9 个，2017 年完成了保护区内矿产资源开发环境及自然资源变化情况遥感监测，保护区内矿产资源开发环境状况总体好转，其中矿山占地 7000 hm^2，较 2016 年减少了 2100 hm^2；矿山恢复治理 3700 hm^2，较 2016 年增加 2100 hm^2；设置采矿权矿区 21 宗、探矿权 0 宗，分别较 2016 年减少了 20 宗和 3 宗。

（4）进一步分析矿区生态环境综合影响、由三部委分管的五方案。应分析五方案编制及竣工验收的时间节点错位在哪里。如果把矿山开发利用方案称为先导方案，那为后续的环评—水保—地灾—复垦[①]方案的编制与审查提供了什么有价值的信息？如果环评—水保—地灾—复垦方案对先导开发利用方案形成反馈信息，先导的开发利用方案应如何变更？环评方案和水保方案竣工验收后，对后期出现的生态环境问题能否控制？地灾—复垦方案在污染控制与水土资源平衡分析上如何借用环评、水保方案上的预测结果和提出的修改措施？环评方案所预测和评价的控制和治理措施，使环境污染可达到允许接受的程度，靠什么来实现目标的保护和受损生态系统的修复？评审通过的方案以及竣工验收通过的方案，靠什么监测监管才能保证后期运行效果的实现？

（5）进一步强化科学管理，遵从自然发展规律，为科学家和科技工作者提供技术研发、试验示范、工程实施、技术验证的条件。

1.1.4.3　核心内容

上述要求将调查评价、规划设计、实施监测、监管验收一体化，其核心内容如下：

（1）研制适合贺兰山矿区的地貌重塑工艺，这是矿区生态系统恢复重建的基础。结合矿山原有的地形地貌特点，依托采矿设计、开采工艺和已知的土地损毁方式，评估通过有序排弃和土地整形等措施，可否重新塑造一个与周边景观协调的新地貌，最大限度地防治地质灾害、抑制水土流失，消除和缓解对植被恢复和土地生产力提高有影响的灾害性、限制性因子，最终能否提高土地利用率。

（2）研制适合贺兰山矿区的土壤重构工艺，这是矿区生态系统恢复重建的核心。以矿山损毁土地的土壤恢复或重构为目的，应用工程措施及物理、化学、生物等改良措施，重新构造一个适宜的、在较短时间内可以恢复和提高土壤生

① 环评即环境影响评价；水保即水土保持；地灾即地质灾害。

产力的土壤剖面与土壤肥力条件，减少和消除对植被恢复和土地生产力提高有影响的障碍性因子。

（3）研制适合贺兰山矿区的植被重建工艺，这是矿区生态系统恢复重建的保障。在地貌重塑和土壤重构的基础上，根据矿山不同土地损毁类型和程度，综合气候、海拔、坡度、坡向、地表物质组成和有效土层厚度等因素，进行不同损毁土地类型物种选择主要是先锋植物与适生植物的选择、植被配置、栽植及管护，使重建的植物群落保持稳定。

（4）研制适合贺兰山矿区的景观重现工艺，这是矿区生态系统恢复重建的结构优化与功能提升。遵循“山水林田湖草是生命共同体”的理念，通过点—线—面—网与网—面—线—点两种互逆反馈途径，充分考虑景观破碎与景观整合过程中土地资源、水资源、生物资源、人居环境等的结构调整和优化配置，重建一个与周边景观相协调的生态系统。

（5）研制适合贺兰山矿区的生物多样性重组与保护恢复重建工艺，这是恢复重建的矿区生态系统在利用过程中抵御水灾、旱灾、虫灾、火灾等灾害风险、维持生态系统稳定的最高阶段。针对结构破损、功能失调、极度退化生态系统，在地貌重塑、土壤重构、植被重建、景观再现与生态系统建设的过程中，借助人工支持和诱导，对生态系统的生物种群组成和结构进行调控，逐步修复生态系统功能，诱导其最终演替为一个符合代际（间）需求和价值取向的可持续的生态系统。

1.1.4.4 技术经济分析

将所研制的先进适用的地貌重塑、土壤重构、植被重建、景观重现、生物多样性重组与保护一体化工艺,有效融入贺兰山矿区剥离—采掘—运输—排弃—造地—复垦—管护过程中；据初步损益分析估算，可控制贺兰山已损毁矿区和将要开采矿区的地质环境灾害、水土流失、风蚀沙化、二次倒运、二次复垦、降低养护等费用累计 30 亿～35 亿元，为正常实现贺兰山生态修复提供生态安全、生产高效的经济保障。

这些工作的有序开展，应多专家联手、多学科交叉，构建组织及服务于贺兰山生态修复的专业队伍（包括地方专家和国家专家），并完成表 1-1～表 1-10 中的相关内容。表 1-1～表 1-10 展示了贺兰山矿区土地复垦与生态修复工程技术标准研究所需的主要依据、重要参数与工作内容。

表 1-1　贺兰山矿区土地复垦与生态修复现状调查内容

调查类型	调查内容	调查指标	适用情况			备注	适用调查单元
			未损毁土地调查	已损毁土地调查	已复垦土地调查		
自然条件调查	地形状况	海拔/m	√	√	√	地面超出海平面的垂直高度，在此以黄海平均海平面为基准	未损毁土地调查以图斑为单元；已损毁土地调查以单个损毁类型为调查单元；已复垦土地以单个复垦单元为调查单元
		坡度/（°）	√	√	√	坡面与水平面形成的夹角，其正切值为坡面垂直高度与水平距离的比值	
		边坡高度/m	—	—	√	边坡的最小高度和最大高度	
		平台宽度/m	—	—	√	平台的最小宽度和最大宽度	
		景观破碎度	√	—	√	斑块数与调查单元总面积之比	单个地类
	植被状况	植被类型	√	—	√	各植被的名称	未损毁土地调查以图斑为单元；已损毁土地调查以单个损毁类型为调查单元；已复垦土地以单个复垦单元为调查单元
		植被盖度/%	√	—	√	植物群落总体或个体地上部分的垂直投影面积与样方面积之比	
		郁闭度	√	—	√	单位面积上林冠投影面积之和与林地总面积之比；可分为疏林（＜0.20）、中度郁闭（0.20～0.69）、密林（≥0.70）	
		定植密度/（株/hm^2）	√	—	√	单位面积上按合理种植方式种植的植株数量	
	土壤物理性质	土壤类型	√	√	√	根据土壤性质和特征对土壤进行分类；贺兰山矿区的土壤类型主要有黄绵土和栗钙土等	
		土壤质地	√	√	√	土壤中各粒级在土壤重量中的占比；贺兰山矿区的土壤质地类型主要有砂土、黏土、壤土、砂质壤土、砾质土	
		土体构型	√	√	√	各土壤发生层有规律地组合、排列状况；需描述土壤剖面的层次，说明有无障碍层	

续表

调查类型	调查内容	调查指标	适用情况			备注	适用调查单元
			未损毁土地调查	已损毁土地调查	已复垦土地调查		
自然条件调查	土壤物理性质	有效土层厚度/cm	√	√	√	能生长植物的实际土层厚度；可分为薄体（≤30 cm）、中体（31～79 cm）、厚体（≥80 cm）	未损毁土地调查矿区周边不同土地利用类型；已损毁土地调查以单个损毁类型为调查单元；已复垦土地以单个复垦单元为调查单元
		土壤容重/（g/cm^3）	√	√	√	干的土壤基质物质的量与总容积之比	
		砾石含量/%	√	√	√	一定体积土壤内的砾石质量与土壤总质量之比	
	土壤化学性质	pH	√	√	√	溶液中氢离子的浓度指数	
		有机质含量/%	√	√	√	单位体积土壤中含有的各种动植物残体与微生物及其分解合成的有机物质的数量；一般以有机质占干土重的百分数表示	
		电导率/（dS/m）	√	√	√	由土壤浸出液中的盐分引起的电导率，通常用以反映土壤的盐分状况	
基础条件调查	现状使用情况	现状地类	√	—	√	某土地利用单元当下的利用情况；地类划分可参考《土地利用现状分类》（GB/T 21010—2007）	图斑
		面积/hm^2	√	—	√	—	
	位置	四至	—	√	√	调查单元四邻的名称	单个损毁类型或单个复垦单元
	复垦起讫时间		—	—	√	具体到月	未损毁土地调查矿区周边不同土地利用类型；已损毁土地调查以单个损毁类型为调查单元；已复垦土地以单个复垦单元为调查单元
	道路状况	道路类型	√	√	√	主要分为干道、支道、田间路和生产路	
		路面宽度/m	√	√	√	路面一侧到另一侧的垂直距离	
		路面材料	√	√	√	根据贺兰山矿区实际情况，可分为土、碎石、砂石、沥青、水泥混凝土	
	灌溉条件	灌溉水源	√	√	√	地表水需写明水源地名称，地下水只需写地下水	
		灌溉保证率/%	√	√	√	在灌溉设施运营期间，灌溉用水量得到保证供给的概率	
	排水条件	挡水墙	—	—	√	挡水墙高度、断面形式、顶部宽度	
		排水沟	—	—	√	修筑方式、深度、上底和下底宽度	

续表

调查类型	调查内容	调查指标	适用情况			备注	适用调查单元
			未损毁土地调查	已损毁土地调查	已复垦土地调查		
区位条件调查	交通状况	道路通达度	√	√	√	调查单元内道路长度的和与总面积之比	未损毁土地调查矿区周边不同土地利用类型；已损毁土地调查以单个损毁类型为调查单元；已复垦土地以单个复垦单元为调查单元
	周边居民点状况	最大耕作半径/m	√	√	√	从农村居民点到农耕作业区的最大空间距离	
生态环境调查	土壤侵蚀	侵蚀类型	√	√	√	按外营力种类、时间和发生速率划分的土壤侵蚀类型，主要有水力侵蚀、风力侵蚀、重力侵蚀、非均匀沉降等	未损毁土地调查以图斑为单元；已损毁土地调查以单个损毁类型为调查单元；已复垦土地以单个复垦单元为调查单元
		土壤侵蚀模数/[t/（km^2·a）]	√	—	√	单位面积和单位时间内侵蚀量的大小	
		侵蚀强度	√	√	√	参考《土壤侵蚀分类分级标准》（SL 190—2007）中土壤水力侵蚀强度分级标准	
	土壤污染	污染源	√	√	√	分为工业污染源、农业污染源、生活污染源，需注明具体污染源名称	
		污染指数	√	√	√	计算内梅罗污染指数，土壤污染物种类根据区域实际情况确定	
		铅含量/（mg/kg）	√	√	√	单位质量土壤样品中铅的量	
		汞含量/（mg/kg）	√	√	√	单位质量土壤样品中汞的量	
		镉含量/（mg/kg）	√	√	√	单位质量土壤样品中镉的量	
		铬含量/（mg/kg）	√	√	√	单位质量土壤样品中铬的量	
		砷含量/（mg/kg）	√	√	√	单位质量土壤样品中砷的量	
损毁状况调查	挖损情况	最大开采深度/m	—	√	—	从地表到坑底的垂直距离	单个露天采场
		台阶高度/m	—	√	—	台阶上、下平盘直接的垂直距离	

续表

调查类型	调查内容	调查指标	适用情况			备注	适用调查单元
			未损毁土地调查	已损毁土地调查	已复垦土地调查		
损毁状况调查	挖损情况	台阶坡面角/（°）	—	√	—	台阶坡面与水平面的夹角	单个露天采场
		平盘宽度/m	—	√	—	平盘上台阶坡顶线至坡底线的距离	
		地表境界面积/km^2	—	√	—	矿坑与地表齐平处的面积	
		坑底境界面积/km^2	—	√	—	矿坑最底部的占地面积	
		积水情况	—	√	—	积水深度、积水时段	
	非均一沉降	塌陷面积/km^2	—	√	—	—	单个塌陷区
		最大塌陷深度/m	—	√	—	地表到塌陷区最底部的垂直距离	
		塌陷程度	—	√	—	分为轻度、中度、重度	
		积水情况	—	√	—	积水深度、积水时段	
		裂缝密度/（条/m^2）	—	√	—	单位面积内裂缝的条数	
		裂缝最大宽度/m	—	√	—	单个裂缝最宽处两侧的垂直距离	
		裂缝深度级别	—	√	—	轻度（＜30 cm）、中度（30～80 cm）、重度（80～120 cm）、极重（＞120 cm）	
		裂缝形态特征	—	√	—	包括形态、走向、组合方式、展布方向、裂缝间距等	
		裂缝占地面积比/%	—	√	—	调查单元内裂缝面积占总面积的比例	
	压占情况	压占类型	—	√	—	包括排土场、煤矸石压占	单个排土场或煤矸石堆
		占地面积/hm^2	—	√	—	—	
		平台边坡比	—	√	—	单个排土场平台总面积与边坡总面积之比	
		边坡高度/m	—	√	—	边坡的最小高度和最大高度	

续表

调查类型	调查内容	调查指标	适用情况			备注	适用调查单元
			未损毁土地调查	已损毁土地调查	已复垦土地调查		
损毁状况调查	压占情况	平台宽度/m	—	√	—	平台的最小宽度和最大宽度	单个排土场或煤矸石堆
		最终边坡角/（°）	—	√	—	排土场最上一个台阶坡顶与最下一个台阶坡底线所作的假想斜面与水平面的夹角	
		非均匀沉降	—	√	—	排土场组成物质颗粒大小混杂，自然固结速率不等，导致表面变形和破坏的现象；用非均匀沉降系数表示	
		地灾情况	—	√	—	有无滑坡、崩塌、自燃	
	占用情况	占用类型	—	√	—	主要有洗煤厂、堆煤厂、维修车间、炸药库、井场、管线、生活办公占地、公共公益设施建设占地及其他	单个占用类型
		占地面积/hm^2	—	√	—	—	

注：打“√”的表示该项调查适用。

表 1-2 贺兰山矿区土地复垦与生态修复适宜性评价因素及分级标准（样）

评价因素	评价指标	分级标准	复垦方向		
			耕地	林地	草地
地形	坡度/（°）	0～5			
		5～25			
		25～35			
		＞35			
土壤质量	土壤质地	壤土			
		黏土或砂质壤土			
		重黏土或砂土			
		砾质土			
	有效土层厚度/cm	100			
		60～100			
		30～60			
		＜30			
	土壤容重/（g/cm^3）	＜1.3			
		1.3～1.4			
		1.4～1.5			
		＞1.5			
	pH	6～7.5			
		7.5～8			
		8～8.5			
		＞8.5			
	有机质含量/%	＞2			
		1～2			
		0.5～1			
		＜0.5			
	土壤侵蚀模数/［t/（km^2·a）］	＜1000			
		1000～2500			
		2500～5000			
		5000～8000			
		8000～15000			
		＞15000			
	土壤污染指数	＜1.0			
		1.0～2.0			
		2.0～3.0			
		＞3.0			

续表

评价因素	评价指标	分级标准	复垦方向		
			耕地	林地	草地
配套设施	排水条件	健全			
		基本健全			
		一般			
		无排水体系			
	道路通达度	良好			
		较好			
		一般			
		较差			

表 1-3　贺兰山矿区土地复垦适宜性等级及主要限制因素（样）

评价单元	土地复垦适宜性等级					
	宜耕		宜林		宜草	
	等级	主要限制因素	等级	主要限制因素	等级	主要限制因素
评价单元 1						
评价单元 2						
评价单元 3						
评价单元 4						
评价单元 5						
评价单元 6						
评价单元 7						
⋮						

表 1-4　贺兰山矿区土地复垦适宜性评价结果（样）

评价单元	复垦利用方向（明确至二级地类）	适宜性等级（一/二/三/四级）	可复垦面积/hm²
评价单元 1	耕地		
	林地		
	草地		
评价单元 2	耕地		
	林地		
	草地		
⋮	⋮		

表 1-5　贺兰山矿区土地质量对比分析（样）

评价因素	评价指标	未损毁土地			已损毁土地	已复垦土地		
		耕地	林地	草地		耕地	林地	草地
地形	坡度/（°）							
土壤质量	土壤质地							
	有效土层厚度/cm							
	土壤容重/（g/cm³）							
	pH							
	有机质含量/%							
	土壤侵蚀模数/[t/（km²·a）]							
	土壤污染指数							
配套设施	排水条件							
	道路通达度							

表 1-6　贺兰山矿区土地地貌重塑复垦质量控制标准（样）

复垦工艺	指标类型	基本指标	控制标准
地貌重塑	稳定性	排土场稳定系数	
	地形	排土场平台面积/hm²	
		排土场边坡面积比/%	
	土地利用	梯田化率/%	
		土地利用率/%	
	配套设施	排水	

表 1-7　贺兰山矿区土地土壤重构复垦质量控制标准（样）

复垦工艺	指标类型	基本指标	控制标准		
土壤重构	土体再造	矸石埋深/m			
		土体构形			
		表层黄土			
	土壤质量	有效土层厚度/cm			
		土壤容重/（g/cm³）			
		土壤质地			
		砾石含量/%			
		pH			
		有机质/%			
		土壤环境质量			
	土壤侵蚀	土壤侵蚀模数/[t/（km²·a）]			

表 1-8 贺兰山矿区土地植被重建复垦质量控制标准（样）

复垦工艺	指标类型	基本指标	控制标准
植被重建	植被配置模式	永久性林牧用地	
		过渡性林牧用地	
		边坡	
	生产力水平	种植密度	
		郁闭度	
		盖度/%	
		产量/（kg/hm^2）	

表 1-9 贺兰山矿区土地景观再现复垦质量控制标准（样）

复垦工艺	指标类型	基本指标	控制标准
景观再现	自然性	道路铺装与功能的适应性	
		道路线形与地形的协调度	
	多样性	道路边坡绿化结构	
		景观类型多样性	
	开阔性	耕地斑块边缘密度	
		耕地斑块聚集度	
	整洁性	景观破碎度	
		水体质量	
		污染概率	
	奇特性	地形起伏度	
		树种特色性	
	安全性	水域水质	
		建筑用地	

表 1-10 贺兰山矿区适宜植物种类及配置（样）

种类	物种	特点
乔木		
灌木		
草本		

1.2 对贺兰山生态环境修复的思考

1.2.1 基于祁连山生态修复经验对贺兰山生态环境修复的思考

（1）落实好顶层设计。贺兰山和祁连山一样，都是我国西部重要生态屏障，习近平总书记对两大生态屏障的生态保护给予过特别关注，我们要认真领会习近平总书记关于治国理政方略，高标准做好顶层设计，制定生态修复的总体框架。树立红线意识，开展生态修复，引入国家公园体制，强化科技支撑。

（2）贺兰山基础研究现状。查阅文献 1000 余篇，目前关于贺兰山研究的文献主要集中在地质构造、矿产开发、动物资源、植物资源、生态功能、生物多样性、气候特征、水文特征、土壤特征、林分特征、珍稀濒危植物、鸟类研究、青海云杉、灌木资源、养分特征、真菌群落、生态文明建设、对外合作、水土保持、高山草甸和草地生态 21 大类。

1）矿产开发：文献集中在 2000～2016 年，这段时期贺兰山开发破坏较严重。

2）气候特征：文献集中在 2000 年，常规监测成果相对较少。

3）水文特征：文献集中在 1985 年，常规监测成果相对较少。

4）土壤特征：文献集中在 1982 年，常规监测成果相对较少。

5）林分特征：文献集中在 1991 年，常规监测成果相对较少。

6）灌木资源：贺兰山在阳坡 3200～3500 m 分布着高山柳、鬼箭锦鸡儿等灌木，阳坡 2600～3000 m 为亚高山灌丛层，3000 m 以上与阴坡植被相同。此区域是贺兰山的重要水源区，也是重点保护的区域。对灌木林的功能与保护研究有待加强。

7）水土保持：贺兰山在海拔 1600 m 以下是草原化荒漠，海拔 1800～1900 m 是山地草原，这两个区域易发生水土流失，应加强此方向研究。

8）高山草甸：基本没有草地生态的研究成果，应加强研究。

9）林牧矛盾：未见报道，应加强研究。

10）森林结构及其演替：未见报道，应加强研究。

（3）生态修复中存在的问题：

1）矿区生态整治缺乏宏观层面的整体规划。

2）地质环境问题复杂，综合治理体系薄弱，亟待加强。

3）林草绿化不足，矿区林草覆盖率与邻近地区差距大，亟待拉近。

4）矿区生态建设长效机制尚未建立，亟待改善。

（4）科技支撑要跟上。生态保护是一个大系统、是一门大学科，涉及水源涵养、受损生态修复、生物多样性保护等领域，而在每一个领域中都有一系列规律需要人们去探索认识，都有一系列难题需要技术方案支撑，即便是监测也需要有科研和技术的支撑，只有科研和技术支撑跟得上，生态保护才能更科学，才能事半功倍。否则，“运动式”的保护造成的生态恶果可能比“掠夺式”开发更严重。

1.2.2 基于贺兰山功能地位和历史环境对贺兰山生态环境修复的思考

第一，贺兰山生态修复主要针对矿业用地，生态修复的内容应当按照生态系统自身发育规律进行阶段分异，以被修复土地稳定并有自我衍存的生物群落为目标。

第二，贺兰山植物修复的目标确定。贺兰山生态修复的重点区域基本都在低山和中低山区，这些地段包括荒漠、荒漠草原和灰榆疏林草原，这三种地貌的植被覆盖度和景观效应，相对于灌丛、草原、森林而言，都是较弱的。对植被修复的目标，有修复如旧、修复一新和适度绿化三种理念，应当具体案例具体分析、因地制宜，能充分利用自然之力的植被恢复模式才是较好的模式。

第三，对土地整治后的矿业用地进行生态平均修复还是进行重点修复？应有重点、有针对性地修复。修复理念应遵循“防风蚀、减水蚀、绿宽谷、保盆地”的原则，但是具体落实这个理念的工程技术还有待商议。

第四，贺兰山生态修复用水问题的解决，目前主要采用拉水、抽水、扬水等方法，人们普遍认为一旦植被修复了，各种补水措施可以自行减少乃至撤销。如果前期植物种类选择合理、密度适当且地形的多样化配置，大概可以如愿，否则，植被补水将会成为常态。在以涵养周边水源和生态为核心功能的贺兰山生态系统中，保护水资源就是保护生态，长期用客水资源支撑的生态建设与生态修复，理论上是站不住脚的。所以在贺兰山生态修复用水方面，要尽可能地减少扬水修复，发展集水修复模式。

第五，贺兰山既有东西阵列的各级夷平面，又有南北东西更替分布的沟梁，是一个复杂的生态系统。贺兰山对于河套地区或蒙甘宁三角地，都是“山水林田湖草”生命共同体中的重要组成部分。习近平总书记指出，山水林田湖是一个生命共同体，人的命脉在田，田的命脉在水，水的命脉在山，山的命脉在土，土的命脉在树。贺兰山是山前地带水源的命脉，越是石质裸露的地段，泉水发育状况越好，这可能与水分沿裂隙下行有关，是可谓“石山不绿泉水常涌”。贺兰山自身的命脉的确在土，土壤在这个区域既难以形成又难以保存，目前采用的客土引入方式虽然在一定程度上让土壤得以形成，但要使这些土壤保存并与植被形成稳定的内生体系，抵抗风、水两种外营力的强烈侵蚀，远不是某项工程措施就能完成的。贺兰山的生态修复要立足于生命共同体的理念，遵循自然规律，统筹设计、统筹规划、统一修复，以求生态效益和社会效益最大化。

1.3 贺兰山矿区环境保护与生态修复的建议

1.3.1 进一步明确贺兰山矿区生态修复的问题所在和修复规划

由于贺兰山自然生态特征和矿山生产地位，贺兰山生态修复不能搞“一刀切”，将贺兰山区域的生产企业全部关停，采取“杀鸡取卵”的方式解决生态修复问题。

贺兰山地处我国西北干旱地区，具有荒漠化草原或草原化植被特征，气候干旱，年降水量 200 mm 左右；地形独特，地貌多样，以海拔 1200～1900 m 的山体阻挡风沙对宁夏平原的危害，因多样的地貌形成植物和动物等生物资源多样性，成为干旱荒漠区域的生物种子库。但是，矿山开采必然造成水土地貌变化和物质移动，不可避免地在生产过程中产生“三废”①及造成土地土壤破坏。在研究和分析的基础上，根据不同企业生产特征，结合生态修复的目标和指标，以及贺兰

① “三废”即废水、废气、固体废弃物。

山生态修复和环境保护规划的制定，提出贺兰山整体生态建设规划目标和企业整改目标；充分认识和考虑贺兰山煤和石料等矿山的经济社会地位，制订切实可行的计划，而不是完全关闭矿山生产企业，避免因为通关检查的问题扩大成生态修复与环境保护的过度敏感和过度演绎；要将生产与环境保护结合起来，切合实际地对待矿山生产企业，坚持“边生产、边修复”，引导企业清洁生产，兼顾生产效益和环境保护效益，促进贺兰山矿区和整体环境保护的可持续发展。

图 1-1 为贺兰山地形和植被情况，图 1-2 为荒漠化草原植被类型，图 1-3 为坡面栽树情况。

图 1-1 贺兰山地形多样且植被稀散

图 1-2 荒漠化草原植被类型

图 1-3 坡面栽树灌溉保障成本高且可持续性问题突出

1.3.2 贺兰山生态修复实施方案的建议

贺兰山矿区的环境和生态问题是积累形成的，问题类型多种多样。治理和保护是一项系统工程和长期任务。需要按照规划，制订相应的近期、中期和中长期生态修复计划，结合非金属非煤矿区、煤矿区和金属矿区等不同类型修复区存在的问题，包括废弃物堆场占地和二次污染问题、煤矿自燃问题、矿区扬尘问题、矿坑深沟问题，以及植被破坏和植被恢复问题等，制定不同的生态修复和环境保护政策；针对不同类型和问题的矿区制订生态修复的项目实施方案，再有计划地修复项目；强化修复项目的验收评价和后期管理制度，科学有效地管理。

1.3.3 加强改变土壤基质的研究和产业化开发

结合贺兰山地区的区域地质、地形地貌、气候和植被类型等特征，特别是结合贺兰山植被恢复中土壤结构改良和肥力提升的改造需求，利用矿区的固体废物资源，如废矸石、粉煤灰和矿渣，以及风化煤等低阶煤和黏土资源，就地取材开发生产用于矿区生态修复的腐殖酸、土壤改良剂和污染治理材料等，如图 1-4 所示，有煤渣的地方自然草植被恢复较好，因为风化煤氧化形成腐殖酸促进土壤改良。结合国内外相关的科研技术成果，对废弃物堆场土地复垦的覆盖表土进行有效改良，结合土壤有机质提升和肥力提升、抗旱和节水，提高植被恢复的造林成活率和保存率，保障生态修复的可持续效果。有些煤矿区企业在生态修复中，机械采取客土方法，耗费大量资金远距离购买黄土覆盖在废弃物山顶，在大风和暴雨等极端气候条件下，容易形成水土流失和坡面土壤侵蚀等问题；还有在较陡峭的矿渣坡面上直接种树种草，对土壤改良重视不足，地表干旱板结明显，成苗和存苗困难，制约生态修复的效果。建议管理部门组织科研院所和企业结合技术力量，开展专门的技术攻关和试验示范，切实解决存在的技术问题和管理问题。

图 1-5 和图 1-6 展示了土壤基质面临的问题，图 1-7 展示了山顶覆土面临的问题。

图 1-4　有煤渣的地方草植被恢复好

图 1-5　砂石和黏土形成坚硬的土壤基质

图 1-6　土壤基质退化严重

图 1-7　山顶覆土（客土）易流失且改良困难

1.3.4　加强贺兰山生态修复和环境保护项目验收及绩效评价

评价矿区生态修复项目实施效果好坏和优劣，验收和绩效评价是关键环节。在实施方案中应明确说明项目验收方式和指标，这对项目实施效果评价具有重要意义。结合国家和自治区相关法律法规、技术导则和标准，严格管控验收程序，加强公众参与监督，通过项目第三方评估和专业评估验收，促进生态修复效果和保障修复资金有效利用。通过绩效评估，可对项目承担单位业绩和继续发展提供重要参考。项目的绩效评估，一般包括事前评估和事后评估。事后评估一般包括四个方面，即项目的政策相符性、项目制度健全性、项目执行过程规范性、项目效果有效性（数量、质量、可持续性、用户满意度等）。

1.4　贺兰山环境综合整治与生态修复

西北地区是我国干旱半干旱荒漠区，也是生态环境脆弱区，加强生态环境保护是落实生态文明战略的重要环节。贺兰山是我国西北地区最后一道生态屏障，也是具有 24 亿年地质历史的世界地质博物馆，贺兰山高大的山体像父亲的身躯一样护佑着宁夏平原，阻挡乌兰布和、巴丹吉林和腾格里沙漠东移，保障宁夏及河套地区农业的稳产高产和生态环境的安全。因此，加强贺兰山环境综合整治修复，维护和提升贺兰山生态系统功能，对保障宁夏平原乃至我国西北地区生态安全及经济社会可持续发展、促进生态文明建设、实现宁夏“生态立区”战略有着十分重要的意义。

1.4.1 贺兰山环境综合整治背景

由于不同历史时期社会经济发展的需要，在宁夏贺兰山国家级自然保护区内以采矿探矿为主的人类活动频繁，破坏环境问题层出不穷。采矿破坏地表植被，造成水土流失，诱发山体滑坡等地质灾害，切断生态保护区生物廊道，对开采区地质环境、景观、水环境、生物多样性等均产生巨大影响。2016 年 10 月，环境保护部因贺兰山环境违法问题约谈石嘴山市人民政府和自治区林业厅主要领导，并给自治区政府下达贺兰山环境整改通知书。

为贯彻落实党中央环保督察决策部署，加快落实“绿水青山就是金山银山”理念，关停保护区内采矿企业并对保护区进行生态修复迫在眉睫。宁夏回族自治区党委、政府审时度势，决定开展宁夏贺兰山国家级自然保护区生态环境综合整治行动，并于 2017 年 6 月自治区党委办公厅、自治区人民政府办公厅下发了《关于印发贺兰山国家级自然保护区生态环境综合整治推进工作方案的通知》（宁党办〔2017〕61 号），全面启动贺兰山环境综合整治修复工作。2017 年 11 月自治区党委、自治区政府召开实施生态立区战略推进会，正式发布《关于推进生态立区战略的实施意见》（宁党发〔2017〕35 号），对贺兰山生态治理提出更高的要求。

1.4.2 贺兰山环境综合整治的实践

按照中国共产党第十九次全国代表大会（党的十九大）精神，以习近平生态文明建设思想为指导，宁夏回族自治区党委、政府具有较高的政治站位，于 2017 年 5 月全面打响贺兰山生态保卫战。自治区党委提出，贺兰山自然保护区是重要的生态安全屏障，必须从政治、战略和全局的高度来认识和维护；对破坏生态环境的行为，要一抓到底，直到彻底解决问题；对拖延不作为，顶风违纪者，要依法依规严肃问责；要尽快研究出台相关政策，积极稳妥化解矛盾，解决相关遗留问题。自治区主席提出，贺兰山自然保护区综合整治是一项重大的系统工程，一定要按照习近平总书记严格保护生态环境的指示要求，尊重自然，突出保护，坚持自然生态修复的科学规律进行整治。

（1）政策保障，组合发力。以宁夏回族自治区党委办公厅、人民政府办公厅发布的《关于印发贺兰山国家级自然保护区生态环境综合整治推进工作方案的通知》（宁党办〔2017〕61 号）为统揽，先后制定财力保障、两权价款和保证金退还、整治技术及阶段性验收要求、职工安置、社会维稳等方面的 8 项配套政策，形成了“1+8”政策体系，为整治工作提供了强大政策保障。自治区克服财力紧张困难，安排 14.01 亿元专项财政资金用于企业关停奖补、生态修复、职工安置等各项工作，为整治工作提供财力保障。

（2）上下联动，形成合力。宁夏回族自治区党委、政府把贺兰山生态环境综合整治作为一项重要政治任务抓实抓好，强力推进贺兰山生态环境综合整治。自治区党委书记、自治区主席分别多次主持召开宁夏回族自治区党委常委会、自治区政府常务会、主席办公会，专门安排部署整治工作；自治区党委常委、区政府副主席主抓主导，坐镇指挥，多次主持召开推进会和现场办公会，深入研究部署整治工作；成立高规格贺兰山生态环境综合整治领导小组，由自治区党委常委、区政府副主席担任组长，20 多个部门和银川、石嘴山 2 市 6 县区人民政府为成员单位，合力推进贺兰山环境整治，领导小组办公室设在自治区林业厅，领导小组各成员单位分工负责、合力攻坚，形成了推进贺兰山生态环境综合整治的强大队伍。

（3）综合施策，统筹推进。对每个整治点位实行挂图作战、动态管理、排序销号制度，建立整治责任清单和整治点单体台账，逐项制定措施、逐项整改、逐项督查、逐项验收，确保整治成效。

1）强力推进整治。2017 年 5 月 20 日，发布全面禁止贺兰山自然保护区内人类活动的通告，停止所有建设类、开采类项目审批。宁夏回族自治区相关部门依法对所有矿山企业环评、采矿、林地占用等审批手续进行了撤销、吊销或注销，全面停止办理保护区各类行政许可。宁夏回族自治区林业、环境保护、国土、公安等部门与市县人民政府组成联合执法组，建立全天候执法机制，累计出动执法人员超过数万人次、执法车辆超过 6000 台次，查处各类破坏生态和偷采盗运矿产资源行政案件 251 起、刑事案件 17 起，有力打击和震慑了违法犯罪行为。

2）加快生态修复。紧盯工矿企业生态修复问题，按照“谁破坏、谁修复”

的原则，压实生态修复主体责任，采取削坡降级、矿坑回填、覆土压埋、播撒草种等方式。现已完成生态环境整治修复地约 3866.7 hm^2，造林绿化约 594.1 hm^2、植树 8 万多株，播撒草籽 80 t，涉及面积 1500 hm^2，贺兰山自然保护区生态环境较整治前明显改善。

3）保障合法权益。对依法取得采矿证的企业，将剩余储量对应的已缴纳采矿权价款予以退还，企业缴纳的矿山生态修复环境治理恢复保证金根据治理修复进度分期退付；协调保护区内 19 处煤矿开展煤矿煤炭产能指标交易 5.1×10^6 t，交易总额 6.9 亿元，帮助企业走出困境；采取转岗培训、购买公益性岗位等措施，妥善分流安置关停企业职工 3988 人，依法保障企业、职工合法利益，维护社会和谐稳定。

4）跟踪落实。宁夏回族自治区党委和人民政府督查室先后组织开展了 4 轮拉网式、突击式、阶段性督查，及时反馈整治工作进展情况及存在的困难和问题，对整治缓慢的进行现场督办，助推整治工作加快推进。

5）规范验收程序。实行县、市、区验收机制，在县级自查自验、市级初步验收基础上，原宁夏回族自治区林业厅牵头组织宁夏回族自治区国土资源厅、原环境保护厅、水利厅、地质局，宁夏大学、宁夏农林科学院等部门单位专家学者，组建专家组严格按照验收技术要求开展自治区级阶段性验收，确保整治质量和效果。

6）营造良好氛围。充分利用各类媒体宣传，主动做好舆情引导和宣传报道工作，形成多角度、全方位宣传贺兰山生态环境整治的舆论氛围，赢得社会各界广泛共识和大力支持。中央电视台、《人民日报》、《光明日报》、新华社等中央主流媒体对贺兰山生态环境综合整治成效及时宣传报道，给予积极评价。

截至 2019 年 7 月，贺兰山国家级自然保护区内 242 处整治点（包括中央生态环境保护督察整改的整治点 169 处，“绿盾 2017”国家级自然保护区监督检查专项行动整治点 54 处，“绿盾 2018”国家级自然保护区监督检查专项行动整治点 19 处），全部按照有关标准完成环境整治，通过自治区阶段性验收并报生态环境部销号，受到原国家林业局、原环境保护部的书面表扬。

1.4.3　贺兰山环境综合整治的现状及评价

贺兰山自然保护区核心区、缓冲区和实验区均有采矿企业，少数企业采矿区横跨核心区、缓冲区和实验区，大多数处于缓冲区和实验区，土地利用类型基本为林地，土地性质为国有。2017 年 5～9 月保护区内责任单位陆续开工实施治理，露天采矿企业在整治过程中普遍以矿坑回填为主，渣堆修整为辅。总体来看，生态治理单位经过设施拆除、矿坑回填、行洪通道疏通、废渣清运、降坡削坡、边坡覆土、场地平整、撒播草籽等技术环节，完成生态环境综合治理工作。统计显示，各治理点降坡削坡技术标准不一致，坡长 10～30 m 不等，坡度 35°～45°居多。覆土厚度 10～20 cm，由于保护区内无土可取，覆土厚度几乎没有超过 30 cm 的，而且砂砾土质地较差，中粒径为 1～0.05 mm 的粗砂土占土壤机械组成的 70%以上，粒径为 0.05～0.01 mm 的细砂土占土壤机械组成的 20%，粒径小于 0.01 mm 的细黏粒占比不足 10%。土壤粒间空隙大，矿物质成分以适应为主，养分含量低，保水保肥能力极弱，热容量较小，土壤温度易升降，变幅较大，不利于植被恢复。草种子大多选用冰草与蒿草混播，少数治理区还选用了柠条、紫花苜蓿种子或者农作物种子谷子、糜子。草籽播种量约 100 kg/hm^2，苗状况均不理想，出苗率均在 10%以下，个别立地条件好的可达到 10%，但不足 15%。

除普遍采用的这些技术外，还有几个区域在恢复治理方面形成自身特点。例如，红果子沟煤矿利用上游有泉水的水源条件，引水灌溉施工，提高了栽植树木的成活率；神华宁夏煤业集团汝箕沟煤矿，充分利用雨季降水，外加洒水车喷水等措施，提高草种子萌发率，植被恢复取得初步成效；保护区、实验区内的主佛沟、大口子沟硅石矿区，首次采取“小降解袋装草籽＋防护网”方式进行治理，将水从山下通过多级泵站引到山顶后布设喷灌系统，用人工和机械将作业面降坡削坡，在裸露面上挂网将土壤和植物种子混合后喷附上去，实施生态修复工程，这种客土喷播复绿技术首次在宁夏应用。

上述技术效果如何，除静态的科学评价外，更需要时间和暴雨的验证。虽然贺兰山区年降水量为 180～200 mm，但是夏季暴雨多，不能忽视排水问题，应将排水问题放到和植被恢复同等重要的位置来看待。由于坡面较长或者坡度大，加之边坡和回填土松软，如果沟道疏通和排水问题处理不好，边坡容易遭受雨水冲刷导致滑坡。在植被恢复方面，土壤贫瘠，砂砾土保水能力差，撒播的种子飘落在土壤表面，不能及时萌发，植被恢复效果非常差。2018 年 7 月底至 8 月底，宁夏 3 次暴雨引发的山洪，造成生态治理区局部区域水土流失严重，调查期间，红果子沟、汝箕沟、主佛沟等都存在上述现象，说明排水问题都未能受到重视。所有整治点除了人工栽植的乔木，人工草本植被覆盖度还不足 10%，局部播撒农作物种子的覆盖度可达到 40%～60%，但不具有可持续性，也不能作为植被恢复成功的案例。保护区内矿山治理区原生植被盖度非常低，仅为 10%～30%，阳坡植被盖度远低于阴坡，物种种类 6～12 种/m^2，不同立地条件下物种组成差异较大。矿区生态修复物种选择以及植被盖度应以周边未破坏的原生植被为参照。

1.4.4 贺兰山环境整治与修复中存在的问题

（1）宁夏回族自治区内和区外生态治理呈现“冰火两重天”的局面，影响了宁夏境内贺兰山生态修复工作。贺兰山由内蒙古和宁夏以山顶分水岭为省界分区域管理，宁夏管理的贺兰山海拔 1150 m 以上全部是国家级自然保护区，按照国家级自然保护区的有关法律法规，已全面关停退出贺兰山自然保护区内所有工矿企业，并进行生态治理。但是贺兰山内蒙古管辖范围是非国家级自然保护区，仍在开采矿石和煤炭等资源，越界开采和越界排渣问题防不胜防，影响了宁夏境内辖区边界生态修复治理效果，也对宁夏境内生态修复工作造成负面影响。

（2）大规模开矿导致生态系统破坏，恢复周期长，投入巨大。贺兰山自然保护区内的矿产资源开采持续了近百年，20 世纪 70 年代后批建的矿山探采项目与《中华人民共和国自然保护区条例》和现行政策规定冲突。大规模开矿导致生态系统破坏，长期的探矿、采矿、运输、抛废等过程，已经造成了植被剥离、地表破碎裸露以及采矿废石堆放破坏，不仅引起坍塌和水土流失、引发地质灾害，而且有害废物废水也造成水质恶化和土壤污染，生态环境恢复起来周期长，投入巨大。经抽样计算，露天矿综合整治成本大多为 373.4～606.7 元/hm^2。

（3）地形重塑技术较为落后，排水问题、边坡稳定性问题缺乏科学设计。传统的生态修复地形设计模式一般是“水平梯形坡面，直渠排水”，其人工痕迹明显，修复后景观与周边不协调，水土保持效果也不好，需要长期的人工养护，费用较高。目前采用“师法自然生态修复法”的生态修复理念及技术，应用现代 3S 技术，即在对扰动区或周边地形、地貌、水文、气象、气候等条件进行详细了解和调查的基础上，利用计算机模拟技术，设计出一种近似自然地理形态的人工修复模型，并按照设计模型施工的一种生态恢复方法。修复后的景观与周边相协调，坡面保持长期稳定，最大限度地保蓄水土。坡面不增加额外水土保持措施不会产生坡面径流，蜿蜒曲折的排水渠道和连续的集水坑使流域内所有的雨水入渗和蓄积。整个修复后的生态系统能够自我维护、自我保持，功能逐渐增强。

（4）植被恢复缺乏技术支撑，仅仅播撒草籽无法实现植被恢复的重任：

1）由于不能科学合理地进行植物品种选择，选择的植物品种的耐瘠薄、耐旱等抗逆性差，一旦失去人工养护，植被就开始退化，目标群落不能如期实现。

2）坡面生态防护技术更是缺乏，要么不加固，要么直接覆土播种，不考虑边坡稳定性及水土流失对植被的影响。

矿山废弃地植被恢复中物种选择与合理配置是最重要的环节，依据恢复预期形成的群落及未来演替方向确定植物选配，要综合考虑边坡稳定性处理后的立地类型划分、植物配置的地带性分布等问题。进行植物种类选择与植物配置时，要以生态系统完整性为原则，优化植物配置，兼顾生物多样性与植物分布的垂直地带性规律，充分利用优良乡土物种；研发边坡防护及植被恢复技术、基于植物地带性分布的矿山废弃地植被恢复的植物选配技术、植被抗旱建植及管理技术；管护期内可利用土壤培肥技术种植具有培肥效果的豆科植物土壤培肥技术，增加土壤有机质和养分，上述技术和措施可为植被恢复提供技术支撑。

（5）综合生态监测系统尚不具备，亟须构建系统。目前对生态环境现状数据的全面监测严重不足，对原生植被的监测与生态修复区的生态演变过程缺乏认知。同时，贺兰山生态环境监测缺乏部门之间的联动和协作，未建立数据共享机制，导致监测设施不能充分利用、监测数据无法开展综合分析，严重制约贺兰山生态环境保护与治理的监管能力。

1.4.5　贺兰山环境综合整治与生态修复建议

（1）强化管理体制机制创新。根据中共中央办公厅、国务院办公厅印发的《关于建立以国家公园为主体的自然保护地体系的指导意见》（中办发〔2019〕

42号），建立贺兰山国家公园。贺兰山地跨宁夏、内蒙古2个自治区，分属3个地级市8个县管理，行业部门有林业、国土、旅游农垦、文物、水利、交通等。多头管理、条块分割、边界不清、权责不明，特别不利于贺兰山自然保护区的总体规划和科学、系统、有序的管理，亟须对贺兰山国家级自然保护区统一管理、统一规划。建立以国家公园为主体的自然保护地体系，是贯彻习近平生态文明思想的重大举措之一，是党的十九大提出的重大改革任务。自然保护地是生态建设的核心载体、中华民族的宝贵财富、美丽中国的重要象征，在维护国家生态安全中居于首要地位。我国经过60多年的努力，已建立数量众多、类型丰富、功能多样的各级各类自然保护地，在保护生物多样性、保存自然遗产、改善生态环境质量和维护国家生态安全方面发挥了重要作用。建立贺兰山国家公园，打破区界限制，由国家统一管理贺兰山，可以从机制体制上解决管理机构重叠设置等问题，将自然保护区及周边区域进行资源整合，完善和优化自然保护区的功能区划，形成“大保护区”的治理格局。

（2）持续加大整治力度，提升生态修复技术水平。大多数矿区采取露天开采，不但破坏了植被，而且会造成水土流失，诱发山体滑坡等地质灾害。采矿活动所形成的废弃地具有众多极端理化性质，如物理结构不良、贫瘠、极端pH、重金属含量过高、土壤干旱等，对开采区景观、水环境、生物多样性、生态保护区生物廊道等产生巨大影响。

目前开展的废弃矿山生态植被恢复工作需要持续加大整治力度，针对贺兰山保护区露天采煤迹地生态治理技术现状与存在的问题，研发采煤迹地地形重塑与土体重构技术、采煤迹地土壤改良与微生境安全防护技术、适生灌草植物选育及抗旱植被建植保育技术。确立科学合理的贺兰山自然保护区采煤迹地生态修复技术模式，为贺兰山生态保护提供科技支撑，打造国家级干旱区自然保护区生态修复技术示范样式，为宁夏生态文明和生态立区战略提供智力支持。

（3）建立生态保护与生态修复科研支撑体系。发挥区内生态环境资源研究优势，开展跨学科联合攻关。整合区内外贺兰山生态保护治理科研力量，加强与区内外科研机构合作，打破区界限制，建立贺兰山研究院；从地质历史、生态环境、水文、地形地貌、生物多样性保护、生态监测、生态健康与生态系统服务功能评估等方面全方位开展学术研究，设立贺兰山生态保护研究专项基金，支持生态保护基础研究与生态修复技术创新研究；在贺兰山国家级森林生态系统定位观测研究站的基础上，成立贺兰山生态保护专家委员会，发挥科技智库作用，强化科学决策支撑。

（4）建立综合监测系统与网络和数据集成共享机制。按照统一的标准和规范，建设涵盖森林、草地等生态要素的功能完善、科学高效的贺兰山生态环境监测网络，结合遥感和地面生态监测手段，开展贺兰山生态环境状况及变化趋势的监测、调查和评估。同时，结合两个自治区生态环境监测网络建设需求，整合贺兰山地区环境质量、生态状况等监测数据，建立贺兰山生态环境大数据库，支撑生态环境大数据关联分析和科学决策。

（5）结合景观综合治理，开展生态旅游与生态科普及教育培训活动。结合景观综合治理，对生态修复技术进行全面宣讲，通过媒体大力宣传整治成果。建成矿区生态修复技术成果展示区与交流示范区，设计开展国内独具特色的自然保护区矿区生态旅游与生态教育活动，面向我国西部开展长期生态修复技术培训，让公众体验、感受“绿水青山就是金山银山”理念，让矿区生态旅游项目带来社会效益和经济效益。

1.4.6　矿区生态系统恢复重建再认知及实践意义

制订适宜贺兰山矿区生态系统恢复重建方案，应从自然、社会、经济背景的角度充分认识矿区生态系统恢复的重建地区差异、学科交叉、规划决策、环境规制。其实践指导意义涉及中国西部生态环境脆弱易损、矿产资源开发集中区，科学、合理、及时重建若干系统完整、生存安全、功能持续的生态系统，以便准确估计和把握矿区生态重建与经济发展的后果，人工诱导生态演替方向，使土地利用与生态恢复重建的成本最低。

鉴于此，提出以下观点与建议：

（1）成立或优化贺兰山生态修复专家顾问组，专家顾问组应专业全面，其成员应相对固定、学有所长，既要有本底专家，也要有区域性、全国性专家，持续、稳定地为贺兰山生态修复工程提供自始至终基本一致的宏观、微观政策技术指导。

（2）贺兰山生态修复专家顾问组应实行学习、研究机制，定期或不定期组织研讨会，专题研究贺兰山生态修复的政策、技术问题，统一认识、统一思想，提供连续一致的咨询服务。

（3）建立贺兰山生态修复咨询研究基金，为专家顾问组的调查研究提供课题资金保障，同时解决专家参加咨询活动的工作身份问题。

（4）根据国家和自治区对贺兰山地区的主体功能定位以及生态环境区划等，邀请确有生态修复经验的科研院所、大专院校、企业或其联合体编制贺兰山生态修复规划，在相关部门领导、专家充分论证、修改的基础上报批、实施。

（5）学习参考《北方地区裸露边坡植被恢复技术规范》（LY/T 2771—2016）等相关规范，编制贺兰山矿山生态修复技术指南或手册。

（6）根据气候、地形地貌、土壤、植被区划等资料对贺兰山矿区进行区划和类型划分，按生物气候区域、矿山类型编制矿山生态修复方案，根据土地利用规划、生态修复规划，确定地形整理目标，一类一策，分类指导。

（7）矿山生态修复工程是一项复杂的系统工程，费时费力，不可能一蹴而就，修复工程进度安排要符合自然节律，尽量避免反季节施工，提高修复效率。

（8）宁夏重点研发项目“贺兰山保护区采煤基地生态修复技术与模式”课题刘秉儒（乡土植物选择）、史常青（采煤基地边坡生态修复与渣土改良）专题的试验示范现场已经展示了初步成果，应及时推广应用。

（9）贺兰山地形陡峻，岩石裸露，土壤瘠薄，风蚀、水蚀现象均有，排土排矸形成的山地排土场的高陡边坡又存在重力侵蚀风蚀，矿区生态修复必须采取综合措施，综合防治水蚀、风蚀和重力侵蚀。

（10）排土场顶部的拦水埂网格面积不宜太大，拦水埂规格应结合造林整体的规格和布局，蓄积径流，保障树木的成活和生长。

（11）排土场坡面防护，应重视坡面压实、基部挡护、坡面覆土固土，重构土层，保证坡体安全，防止水土流失，为植被恢复创造条件。

（12）贺兰山为石质山地，土源奇缺，应加强利用渣土恢复植被的资源化利用研究，减少客土量，保护异地客土源区的生态。

（13）贺兰山区降水稀少，水资源匮乏，矿区植被恢复要注重节约用水，选用乡土植物，充分发挥自然修复优势，人工促进修复，建植稳定的乡土植被，满足植被恢复后的长期灌溉养护需求。

（14）对于位于贺兰山自然保护区内部的矿区，矿区生态修复必须采取切实措施，注意保护生物多样性，避免因使用生态修复材料、种苗等行为带来的侵入性植物危害和病虫害。

（15）矿山生态修复必须注意消除采矿对水系的影响，保障受损山体、排土（矸、渣）场的安全，恢复受影响的水系下游的生态。

（16）生态修复效果应进行长期监测与评价。

1.5　矿山生态修复的若干问题与建议

1.5.1　生态和生态系统

“生态”一词通常是指生物的生活状态，即生物在一定的自然环境下生存和发展的状态，也指生物的生理特性和生活习性。

生态系统通常指某一区域内生物与环境之间构成的统一有机体，生物群落和非生物环境通过物质循环、能量流动，相互作用，构成相互依赖的整体。

图 1-8 简单展示了石质山地植被演替过程。

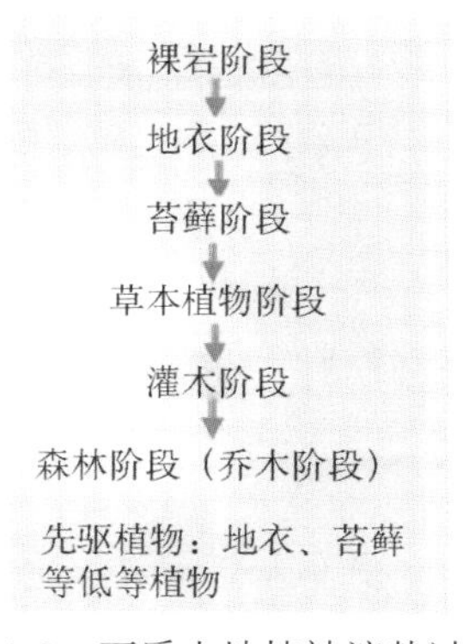

图 1-8　石质山地植被演替过程

1.5.1.1　生态系统的特征

（1）层次性：个体、种群、群落和生态系统具有不同的特征。

（2）开放性：与外界存在物质循环、能量流动和信息传递，不可脱离外界环境存在。

（3）非线性：非线性的特征决定了生态系统错综复杂的过程与现象。

（4）动态平衡性：环境影响和自我调节机制可以使生态系统保持动态平衡。

1.5.1.2 退化生态系统

当生态系统受到自然因素、人为因素或两者共同作用的影响失去了原先的稳定状态时，生态系统即已退化，成为退化生态系统（见图 1-9）。自然因素包括气候变化、地震、火山、洪水、台风、海啸、崩塌、泥石流、病虫害和生物入侵等。

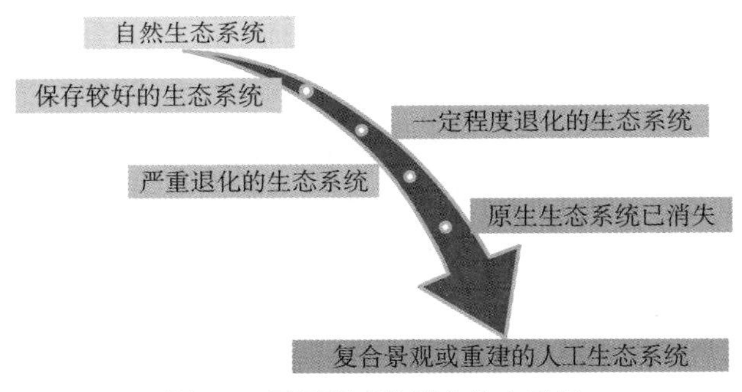

图 1-9 不同程度的退化生态系统

人为因素包括开垦、采矿、工程建设、放牧、污染等。

（1）动物种群退化。包括动物种群多样性、数量、个体大小、种群结构、繁殖能力、生产力等方面的退化。

（2）植被的退化。包括：

1）种群结构方面如物种组成和多样性、层片结构和生活型、类群结构等。

2）功能特征方面如植被高度、盖度、密度和生产力等。

3）外貌特征方面如层次、郁闭度、丰富度、景观多样性等。

（3）土壤的退化。包括：

1）物理方面如质地、结构、容重、孔隙度等。

2）化学方面如有机质、酸碱度、盐离子浓度和矿物成分等。

3）生物方面如土壤动物、植物和微生物等。

1.5.2　生态修复

生态修复相比于生态恢复更强调了人的主观能动性。

1999 年，国际恢复生态学会提出生态恢复是帮助研究生态完整性的恢复和管理过程的科学，生态完整性包括生物多样性、生态过程和结构、区域及历史情况、可持续的文化实践的变异范围。图 1-10 为生态修复的概念层。

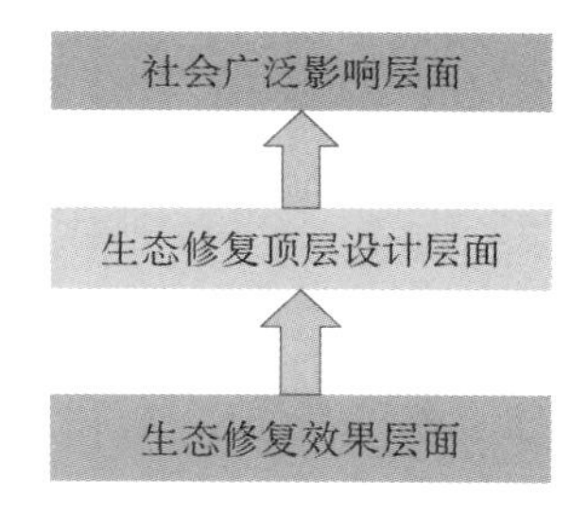

图 1-10　生态修复的概念层

1.5.2.1　生态修复的主要原理

（1）生态系统自修复原理：适当的修复措施可促进恢复过程。

（2）物质循环和能量流动原理：生态修复改善物质循环、能量流动。

（3）限制因子原理：生态修复改善限制因子的制约性。

（4）种群密度、生态位、空间格局等原理：科学合理设置。

1.5.2.2　不同程度退化生态系统应对措施

只有对退化生态系统的结构和功能均进行修复才能形成稳定的生态系统。

表 1-11 为不同程度退化生态系统的应对措施，表 1-12 为矿山开采对环境造成的风险。

表 1-11　不同程度退化生态系统的应对措施

自然生态系统	原始或保存较好的生态系统	不同程度退化的生态系统	严重破坏退化的生态系统	原生生态系统已消失	复合生态景观和人工生态系统
森林	生态系统及其组分的保护	退化生态系统的保护	退化生态系统的保护	人工林、人工草地、人工湿地等生态系统的新建	各种生态系统复合景观的调整及人工生态系统的综合治理，包括生态农业及防护林营造、水土保持、荒漠化防治、石漠化治理、城镇绿化及城市林业、工矿废弃地修复
草原	物种及种群的生物多样性保护	加以积极保育措施的修复	加以积极保育措施的修复		
荒漠					
湿地	各种自然保护区的保存（含特殊地质构造及地貌景观的保存）	促进正向生态演替的保育	生态系统组成和结构的改造		
河湖水域					
海洋			原生生态系统的恢复重建		

表 1-12　矿山开采对环境造成的风险

特征风险源	亚类	发生阶段	表现形式	破坏程度指标
压占	排土场压占，尾矿、排弃物压占，建筑物、构建物占用	基建期、开采期、复垦期	空间占用、原地貌改变、土地功能变化	压占面积比例、压占类型、排土场边坡坡度
挖损	露天矿表土剥离、岩层爆破、矿石挖掘	开采期	地层层序变化、土壤结构变化	挖损面积、挖损深度
塌陷	过采地下水引发地面塌陷、采空区塌陷、回填物松散引发地面沉陷	开采期、复垦期	形成负地形、植被退化	塌陷面积、塌陷深度、塌陷地块密度
污染	固体废弃物污染、废气污染、废水污染	开采期、复垦期	土壤环境健康受损、土壤功能变化、水质恶化、大气质量恶化	污染物浓度、污染物扩散面积
不当复垦方式	重乔木轻灌草，未经土壤重构进行植被重建	复垦期	灌溉耗水量大、植被重建效果不持续、水保效果差、地形塑造不美观	灌溉用水量、植被稳定性、土壤侵蚀量

1.5.3 矿山生态修复

矿山生态系统退化的原因包括过度开采导致资源枯竭；水文、土壤、气候、生物被破坏或污染；地质地貌受到强烈扰动；人类日常生产生活影响。矿山生态修复的八大原则：注重安全、综合治理、生态优先、因地制宜、适时适法、注重景观、经济节约、技术适用。图 1-11 为生态修复的主要流程。

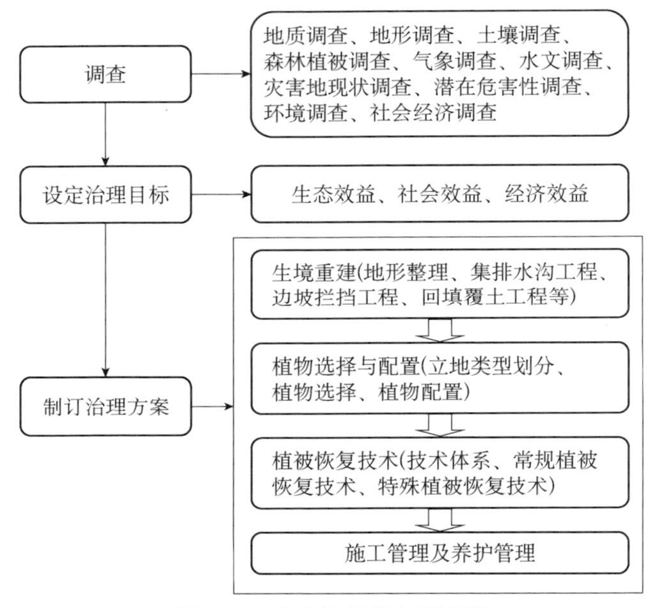

图 1-11 生态修复的主要流程

1.5.3.1 矿山生态修复中的尺度范围

尺度：指准绳、分寸，是衡量长度的定制，可引申为看待事物的一种标准。生态修复中的尺度包含空间概念和时间概念。

空间尺度：指某一物体或现象的空间单位，同时又指某一现象或过程在空间上涉及的范围。

时间尺度：指某一过程和事件的持续时间长短，以及考察过程和变化的时间间隔，即生态过程和现象持续多长时间或多大时间间隔上表现出来。

为此，应当注意：①明确矿山生态修复中时空尺度范围；②不同尺度范围对应考虑不同生态恢复指标；③矿山生态修复主要考虑的空间尺度为点、坡、沟、流域、气候区，时间尺度为时、日、月、季、年等。

尺度效应：矿山生态修复应综合考虑不同生态系统等级对应的不同时空。

图 1-12 为矿山生态修复中不同生态系统等级对应不同时空。

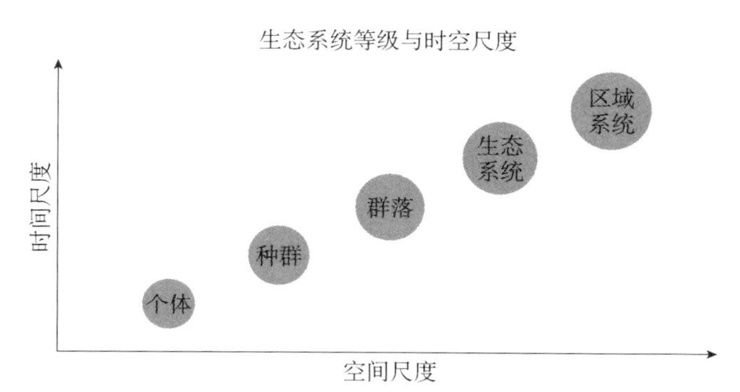

图 1-12　矿山生态修复中不同生态系统等级对应不同时空

1.5.3.2　植被恢复应考虑国土空间承载力

生态修复的目标不仅是植被的恢复，更是水文、土壤、气候、生物的恢复，与此同时还要考虑承载力，不过于追求植被盖度，应科学合理地制定恢复目标。

影响国土空间承载力的重要因素包括水资源、土地、气候、能源、环境、社会经济。

1.5.3.3　注重植被恢复的目标类型

生态型：以水土保持、水源涵养、农田防护、环境保护等目的为主的植被类型，强调低成本，免（少）养护。

经济型：用材、果树或其他经济作物为主，以经济生产为目标，强调投入产出比，并可一定程度上满足生态恢复需求。

景观型：以恢复景观、风景为目标，在生态保护的基础上强调景观，更加注重社会效益，可根据不同需求进行一定程度的养护。

科学设定绿化标准和植物种类。绿化标准设置较高，过度追求高盖度和乔木绿化，建植、养护成本高，水资源的可支撑性、经济可持续性差，后期养护一旦降低或取消，建植的植被必然衰退或死亡。

矿区植被恢复存在的主要问题包括：乡土灌木植物使用较少，利用草原植物绿化，其耐旱耐瘠薄性有待验证；排土排渣场高度不够，但仍依据植被的垂直地带性选配植物，没有真正做到适地适树适草原则。

生态型植被应以周边未扰动区域植被为标准。图 1-13 为植物演替过程（干性演替）。

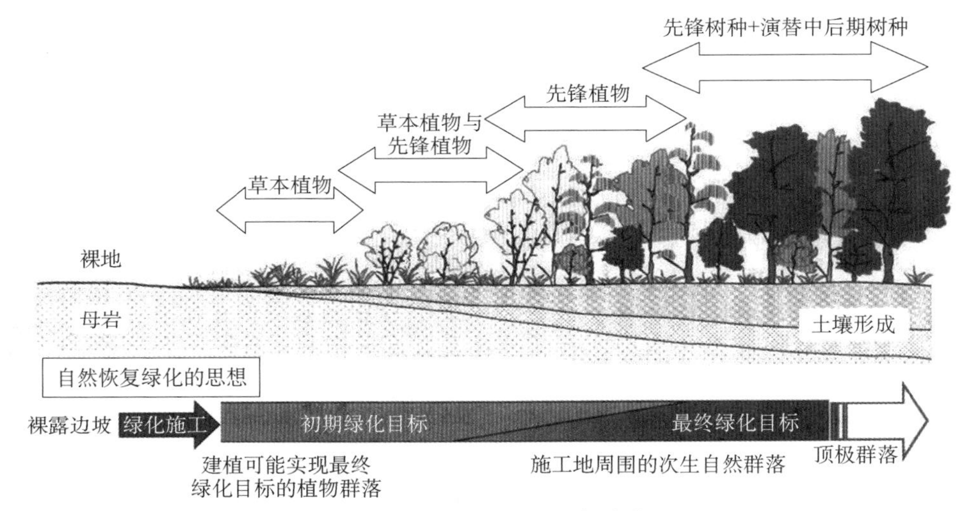

图 1-13 植物演替过程（干性演替）

生态型、景观型更应注重使植物演替进入合理的正向演替过程，降低成本，特定区域可适当调整标准和方法，通过加强人工措施促进演替过程。

1.5.3.4 生态修复的过程应合理利用生态系统自修复能力

水：改善土壤理化性质、补给水资源、促进植物生长、减轻污染、保护动植物（降雪）。

土：动植物、微生物生存环境，为动植物提供水分养分，促进植物演替，形成土壤种子库，固着、分解和削减污染物。

气：促进植物生长和繁衍、促进种群扩散、减轻大气污染（风）、促进成土（风化作用）。

生：促进物质循环和能量流动、促进水土保持、改善小气候环境、减轻污染、改良土壤、防治病虫害。

通过人工生态修复措施引导生态系统自修复能力，促进生态系统恢复，实现生态修复目标。各部门在矿区生态修复过程中有机整合规划，协同开展。

1.5.3.5 存在的问题

（1）诸多方案（环境保护、地质、复垦、水保）的综合、协调实施问题。

1）排土排矸场小、高、乱、陡问题突出，为推进毗邻矿山企业联合，结合土地复垦、土地整理工作需要共同建设大型排土排矸场。

2）排土排矸场坡度、高度超标，存在一定的安全隐患。

（2）重视生态恢复技术方法、施工质量问题。

1）基部平台坡面采用碎石灌浆（未设排水孔）的防护形式，可能存在灌浆层薄、层下积水产生孔隙水压力大、防护性能差等问题。

2）拱形或矩形平铺式砂砖框格、干砌石框格整体性差，一旦因不均匀沉降等事件发生局部破坏，框格整体的稳定性将受到影响。

（3）采取覆盖措施的框格仍存在水土流失问题。

1）坡面防护工程未配套截排水措施，或截排水设计、施工不当，降雨、灌溉造成的水土流失比较严重。

2）未对排土场坡面进行碾压，防止过量降雨及灌溉水进入深层土体，提高坡体稳定性。

1.5.3.6 开展废弃物资源利用及新技术应用

矿山生态修复应提倡就地取材，充分利用石材、土料、弃渣、表土等资源；推进新材料、新技术、新设备的使用；科学评价矿山生态修复效果；严谨的评判制度和法律法规；科学的评判时间（监测，验收后长期回访）；合适的评判体系（不同地区是否能采取不同方法）。

提示：具体评价指标不宜追求大而全；量化指标应因地制宜进行筛选；科学选择关键指标并赋予权重。例如，西北干旱区应因地制宜，坚持近自然修复理念，不过度追求成活率和盖度，不盲目栽植乔木等。

第 2 章　西部生态屏障综合管理

2.1　西部生态脆弱区矿山生态修复的战略与关键技术

众所周知，矿产资源非常重要，是人类赖以生存的资源之一，92%以上的一次能源、80%的工业原材料、70%以上的农业生产资料都来自矿产资源。我国矿产资源丰富，现已发现约 171 种矿产资源，查明资源储量的矿产约有 158 种，矿产地近 18000 处，其中大中型矿产地 7000 余处。我国已探明的矿产资源总量约占世界的 12%，仅次于美国和俄罗斯，居世界第三位。矿产资源具有不可或缺性、依赖性，其中，煤炭是我国最主要的能源，在一次能源生产中的占比为 60%～70%。西部地区生态脆弱，最主要的问题是干旱和缺水，同时，煤炭采掘业实现“战略西移”，结果是 60%以上的煤炭产量都是来自于西部五省区（陕西、内蒙古、甘肃、宁夏、新疆）的开采。2011 年，西部生态脆弱区五省煤炭总产量达到 24.54 亿 t，约占全国总量的 69.7%，且占比逐年增大，说明在西部的煤炭开采是最主要的。矿产是宝贵的资源，但是我们在得到宝贵资源的同时，不可避免地会导致一些生态环境的破坏，无论是井工矿还是露天矿。

在西部地区，煤矿开采导致大量土地沉陷，地裂缝、滑坡、泥石流等地质灾害时有发生，还有很多污染问题。例如，固体废弃物导致的大气和水的污染，以及自然原因导致的其他问题。最近，西部出现几起矿山生态环境恢复治理工作严重滞后的事件。

一些企业对西部矿区开采后生态修复的重视程度只停留在口头而未付诸于实际行动。但在“祁连山”事件以后，矿区环境以及自然保护区的问题得到全国关注，许多省份出台了很多相关政策，很多矿区面临生存和发展问题。因此矿山恢复问题也已经成为研究的热点问题。

西部生态脆弱矿区特点是生态本底脆弱，水资源缺乏，植被稀少。地表覆盖较厚风积沙层，保水保肥能力差，水土流失严重；风沙和干旱缺水是主要特征。

西部生态恢复治理难点是其生态阈值低，一旦遭到破坏，较难恢复。

2.1.1　西部生态脆弱区矿山生态修复战略

2.1.1.1　矿产资源开发与生态环境协调发展战略

要生存、发展的同时还要经济的最佳方式就是协调资源与环境的关系。既要矿产资源，又要生态环境的战略基础是在开采破坏损伤生态环境的同时，及时加上修复技术。煤炭开采与生态环境保护“双赢”，区域经济发展与生态环境保护“双赢”。例如，山东某湿地保护区，已经开采了近百年的煤炭资源，导致形成了约 8000 hm^2 的塌陷地，但同时增加了保护区湖中央的蓄水量，将井工开采地转变成湿地，使矿山开采与资源环境协调，地表塌陷以后还可以形成一个弯曲保护带，客观评价矿产开采对生态环境的影响，有限、可控的矿区土地复垦与生态修复技术可以恢复损害的生态环境，达到或超过原有生态环境，总之要用“双赢”的角度去考虑。

2.1.1.2　采矿与修复一体化（边采边复）战略

国外如美国的生态修复起点都是露天矿。我国如内蒙古草原的露天矿，开采完成以后要么是高山要么是大坑。生态修复只能从这里开始，所以解决源头问题，就是采矿与修复一体化战略要做的。在井工矿开采过程中要做到边采、边塌、边治，可以很好地解决井工矿开采导致的环境问题。

图 2-1 和图 2-2 分别为露天矿剥离与复垦一体化技术、井工矿的采矿与复垦一体化技术。

图 2-1 露天矿剥离与复垦一体化技术

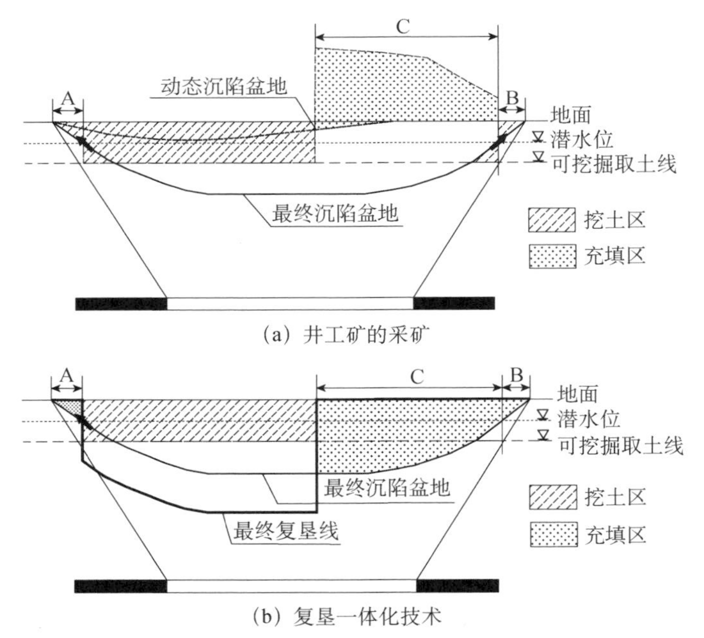

图 2-2 井工矿的采矿与复垦一体化技术

2.1.1.3　矿山生态环境科学修复战略

矿山生态环境科学修复战略主要从以下三个方面进行：修复区域与分级即明确不修复区域、不同修复重点和分级的区域；充分考虑自修复和自然修复；3 个结合，即动态与静态、显性与隐伏、近期与未来结合。

矿山生态环境的自修复是指矿山在采矿驱动力对地表生态环境造成损伤的过程中，又自动修复部分生态损伤的现象和过程。在生态脆弱的风积沙矿区，人工修复对生态环境可能造成二次破坏的不确定性，以及修复措施的投入与产出等问题，促使人们考虑利用自然营力、采煤驱动力等使采煤沉陷损伤区域实现自修复。

2.1.2　西部生态脆弱区矿山生态修复关键技术

2.1.2.1　矿山生态环境精准诊断技术

现在矿山生态修复很多时候只进行粗略的规划，而未对问题进行确切诊断。诊断应该既要对宏观区域进行诊断，又要对微观区域进行诊断，如污染源、水、土、环境质量四个方面，除已经看到的外，还要进行损害预测，预测未来有可能出现的危害以及各自的风险。所用到的技术有基于 3S 的矿区生态环境损害监测技术（宏观），污染物与土壤、水质量的监测技术（微观），环境损害的预测预报技术，环境损害的风险评价及预警。运用卫星遥感、无人机、雷达等先进设备可及时探测矿区隐伏损毁信息，包括复垦边界（损毁边界）、隐伏裂缝等信息；也可探测潜在的地质灾害，采空区等。对已发生的损毁进行科学监测，对可能发生的损害进行科学预测。

2.1.2.2　边采边复关键技术

露天矿要实现边开采边修复，可通过从设计到具体工艺实现。

井工矿实现边采边复主要需要做到地面边采边复、井下开采控制、井上井下采复协同。

边采边复需要提前采取措施，其技术关键是提前进行地面上边采边复措施，同时要解决复垦位置与布局、复垦时机、复垦工艺（标高）的问题。边采边复技术，尤其是动态预复垦，能提高耕地恢复率，可多恢复 10%～40%的耕地。对于井下减损技术，即煤矿绿色开采需要运用以下 6 个技术：保水开采技术，媒与瓦斯共采技术，采空区充填开采技术，建筑物下采煤与减沉技术，煤巷支护技术与减少矸石排放，煤炭地下气化。

2.1.2.3 地貌重塑技术

地貌重塑技术的关键是把地貌重塑成近自然地貌。地形、水土保持（固土＋排水），国外的土地复垦发源于露天矿。露天矿开采对地表景观破坏最显著，因此国外对地貌重塑很重视，要求恢复近似原地貌的生态景观。2002 年提出 Geomorphic reclamation 的概念，2004 年提出 Topographic reconstruction，目前已被广泛采用。我国对地貌重塑的研究相对较晚，主要针对采矿习惯性形成的台阶型地貌进行研究。

2.1.2.4 土壤重构技术

土壤重构即重构土壤，是以工矿区破坏土地的土壤恢复或重建为目的，采取适当的采矿和重构技术工艺，应用工程措施及物理、化学、生物、生态措施，重新构造一个适宜的土壤剖面和土壤肥力，在较短的时间内恢复和提高重构土壤的生产力，并改善重构土壤的环境质量。依据不同损毁形式、不同复垦材料、不同土壤类型、不同措施、不同重构目的和土壤用途的差异等，矿区的土壤重构可以划分为不同类型。“分层剥离、交错回填”的土壤剖面重构可实现土层顺序基本不变，土壤环境更适宜作物生长，是采矿—复垦一体化的土壤重构工艺。

同“挖深垫浅”复垦土壤剖面重构工艺（见图 2-3）。“挖深垫浅”中复垦土壤剖面重构（土方工程）主要以“分层剥离、交错回填”的土壤剖面重构原理为依据，把“挖深区”“垫浅区”划分成若干块段（依地形和土方量划分），并对“垫浅区”划分的块段边界设立小土（田）埂以利于充填，在此基础上将土层划分为若干层，按照“分层剥离、交错回填”的土壤剖面重构原理进行复垦，使复垦后的表土层厚度增大，复垦土地明显优于原土地。

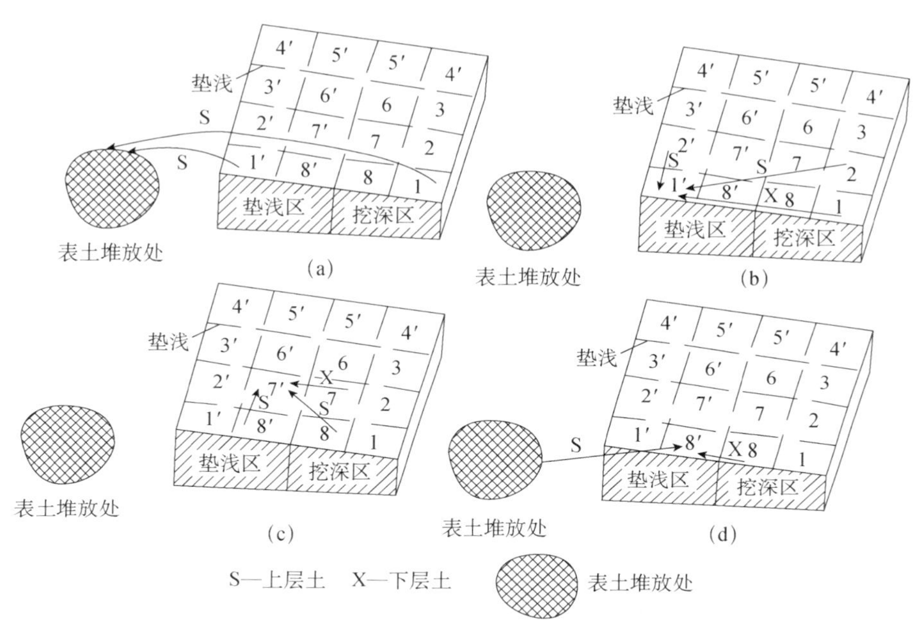

图 2-3　“挖深垫浅”复垦土壤剖面重构工艺

2.1.2.5　植被恢复技术

（1）充分考虑自然修复。

（2）充分发挥微生物作用。

（3）植被筛选需遵循耐性定律与最小量定律和生态位原理。

（4）植被恢复需遵循种群密度制约理论和空间分布格局理论。

（5）生态演替需遵循自我设计与人为设计理论。

（6）按照分区修复原理与方法（见图 2-4）进行。

均匀沉陷区：自然封闭修复模式。采用“动态裂缝跟踪处理＋贫瘠土壤保水＋优选植物配种”的方法。

非均匀沉陷区：以植物修复为主工程辅助的人工引导修复模式。采用“边缘裂缝充填＋水土保持＋优选植物配种＋根际环境改良”的方法。

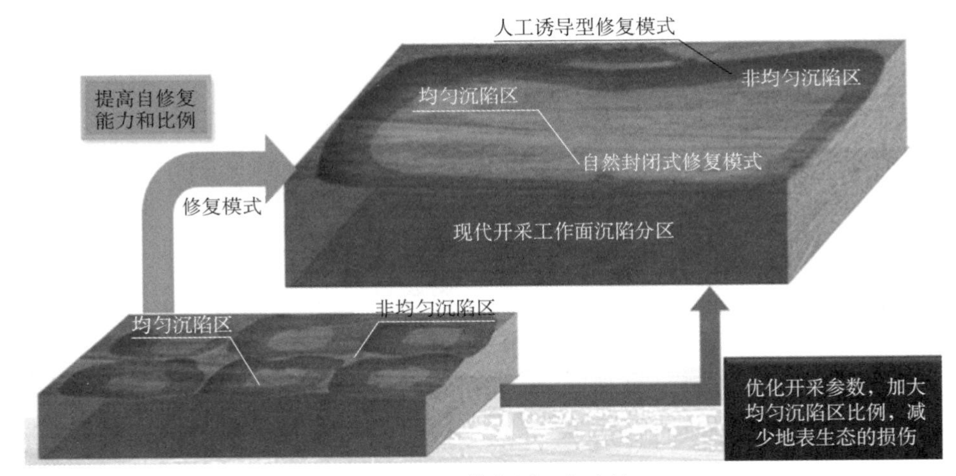

图 2-4　分区修复原理与方法

2.2　矿区土地生态重建目标设定与治理过程管控

2.2.1　矿区土地生产建设项目人为扰动

2019 年 8 月在第二届全国矿山资源・环境・生态修复大会之生态修复专题论坛上，专家认为矿山废弃地是人类建设项目废弃地中的一种。1949 年以来，我国因矿山、砖瓦窑、铁路、公路、水利水电、石油天然气等生产建设项目，以及自然灾毁等原因，已经损毁了约 1×10^7 hm^2 的土地。至 2020 年实现全面建成小康社会时，我国因上述原因累积损毁土地约 1.2×10^7 hm^2。利用趋势外推法，至 2030 年我国累积损毁土地约 1.7×10^7 hm^2，因此我们需要做的工作是整体推进矿区生态修复工程落地。为此需要把矿产资源开发利用生态受损的点、线影响，推演到面、网影响；把矿产资源开发利用受损生态恢复重建的技术研究提升到技术应用的层面，促进受损生态系统调控机理与模式优化研究；把局部的环境影响的正负效应提升到重建生态的完整性、生态承载力、生态敏感性的累积效应。试区矿产资源开发集中区的生态修复可以分为时间尺度的修复和空间尺度的修复两种。在时间尺度上，系统评价试区矿产资源开发集中区生态演变的现状和问题，结合国家生态文明建设和资源型城镇转型发展面临的形势与任务（对我国城镇化率提升的贡献与风险控制），提出保障试区矿产资源开发集中区生态安全发展的策略。在空间尺度上，借鉴战略环评、规划环评、项目环评的理念与方法，对试区矿产资源开发集中区生态安全进行定性和定量研究，提出了保障试区矿产资源开发集中区生态安全“宏观指导、中观控制、微观操作三位一体”的关键技术。图 2-5 为“三同时”制度。

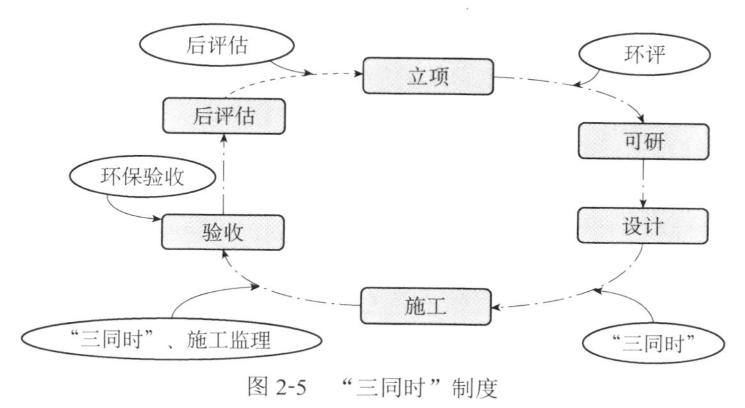

图 2-5　“三同时”制度

2.2.2　矿区土地生态修复普适性与特殊性

2.2.2.1　矿区土地生态恢复与重建研究的普适性

研究矿区土地生态系统受损、退化机理及恢复重建的理论与方法，需要解决的问题将集中锁定在矿产资源开发集中区生态系统状态压力、系统响应难度、安全阈值、生态风险预警与恢复重建目标上，具体包括：

（1）矿区在剧烈扰动下，生态受损及退化的加剧程度如何？

（2）现有生态重建技术应用促使矿区受损生态系统发生正向演替的速度如何？

（3）重建生态系统的弹性如何？在极端气候条件下，比原生态系统退化风险降低的强度如何？

（4）受损土地生态的功能恢复过程比形态恢复难在哪？

（5）是纯靠自然恢复，还是通过前期人工支持诱导、中后期借助自然力进行恢复？

2.2.2.2　矿区土地生态恢复与重建研究的特殊性

由于矿山开采周期长，短则十几年、长达几十年甚至上百年，加之生物气候带、地貌类型、土壤类型、植被类型、开采工艺、复垦工艺、复垦目标和复垦标准的差异，亟待研究人员从国土空间“整体保护、系统修复、综合治理”的层面，设定具有针对性的矿区生态恢复重建目标，进行科技创新。

（1）黄淮海平原矿产资源开发后，受损矿区生态系统结构与功能的优化调整。黄淮海平原矿区生态受损主要特点：黄淮海平原矿区属高潜水位区、矿粮复合区、人口密集区，内河水低于外河水，大量基本农田下沉到水中，陆地生态系统变成陆水交互生态系统，黄淮海平原已不是真正意义上的平原。长期以来，在复垦规划中有灌排系统、配套建筑物的设计等，从土地资源利用的角度考虑得多，对矿区水、土两大资源在复垦中的不可分割性和系统耦合性考虑不够。所以，应加强矿区水资源的宏观调控、矿区与小流域之间复合系统的分析诊断、矿区水土资源的目标配置、生态环境和社会经济效益之间的协调发展等。

（2）受损的草原矿区生态系统如何恢复成草原。按照目前的生态修复技术，草原矿区生态系统恢复难度非常大。草原矿区采煤地表变形使草原植被退化，绿色屏障受到威胁、黑土等世界上珍贵的表土资源丧失、地下水位下降和无效蒸发增大、地貌发生变化。

（3）西北干旱、半干旱矿区如何控制退化，维持平衡。西北干旱、半干旱矿区控制退化和维持平衡最主要的问题是解决水分问题。由采煤地表变形导致地表砾幕层破坏和沙丘活化、地下水位下降和地表季节性积水；土壤无效蒸发增大和植被覆盖度降低（见图 2-6）；生态系统极其脆弱和不可逆转。

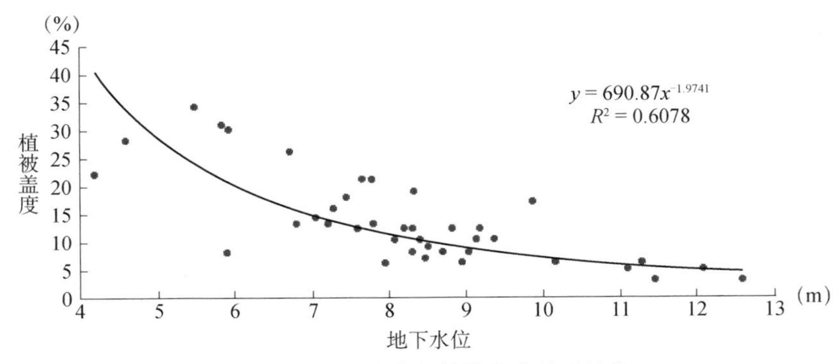

图 2-6 地下水位与植被盖度关系趋势

（4）青海的高原矿区如何适应极端高寒。习近平总书记指出，青海最大的价值在生态、最大的责任在生态、最大的潜力也在生态。青藏高原被誉为“世界屋脊”“第三极”“亚洲水塔”，青海地处青藏高原的东北部，也因此使青海高原矿区植被恢复主要面临的问题是如何适应极端高寒。

（5）黄土高原矿区如何能够重建一个比原地貌结构更合理、功能更有效的生态系统。此类项目的一个成功案例是黄土高原特大型煤矿区 30 年土地复垦与生态重建的关键技术及其应用。

项目背景：黄土高原面积 9.6×10^6 hm^2，不到国土面积的 1/15，但原煤储量约占全国的 2/3；全国 16 个 1×10^{10} t 以上规模的大煤田，该地区有 10 个；全国 4 个 1×10^{11} t 特大型煤田全集中在该地区。晋北煤炭基地以平朔矿区为核心，面积 5.7×10^{-3} hm^2，服务年限近百年，影响 15 万人。国外，1000 亿 t 特大型煤田并不罕见，如美国的阿巴拉契亚煤田等，但在十分脆弱的生态区内进行大规模开采，还要实现耕地数量不减、质量不降、生态不退，难度极大。

技术难题：地貌彻底摧毁，不知如何重塑；土壤严重压实，不知如何重构；生物多样性锐减，不知如何重建；矿—农—城快速演化，不知如何布局。

主要创新点：基于矿业生产活动的周期性与长期矿区生态系统恢复重建的实践，首次提出并验证了黄土煤矿区极度损坏土地复垦与生态重建“五元共轭论”，即矿区“地貌重塑、土壤重构、植被重建、景观再现、生物多样性重组与保护”；创新了黄土高原特大型煤矿区地貌重塑与土壤重构技术；发明了基于地形改造侵蚀控制与水分高效利用技术，创新了重构特性与调控定量化表征方法（CT 扫描）。

2.2.2.3　贺兰山生态修复的几点思考

要解决贺兰山矿区生态修复的问题，首先要明确：

（1）研究尺度，是矿山到矿区的转变。

（2）研究目标，是个体到整体的转变。

（3）技术创新，是问题诊断到技术筛选。

（4）生态安全，是科学到政策的倒逼。

进一步摸清贺兰山的矿山环境地质问题，即崩塌、滑坡、泥石流、地面塌陷、地裂缝、地面沉降、占用与破坏土地、水均衡破坏；进一步摸清贺兰山主要矿山固体废物分布情况；进一步摸清贺兰山矿产资源主要开采区地质环境影响。

问题诊断：进一步确定哪些需要自然修复，哪些需要人工前期支持诱导。

在实施自然资源“整体保护、系统修复和综合治理”的过程中，一部分自然生态系统仍处在比较原始的状态。由于人类生产和生活的需要，这部分原始生态系统（如原始森林、原始草原等）成为人类开发利用的对象，需要实施封禁式的保护，设立各种自然保护区或其他类型的保护地。同时大部分生态保护修复类型，需要通过人工干预，如处于轻度退化状态下已残缺稀疏的森林，要在优先保护的前提下，加以适当的培育措施进行生态保育；过伐、过牧、过垦导致生态系统结构和功能严重退化的自然生态系统，则迫切需要人工干预，科学设计、科学实施，达到生态系统的再植复原和恢复重建等目的；而城市、农田、工矿交通建设用地等人工生态系统，尤其是工矿及交通活动受损的国土空间生态修复，亟待做好污染源头管控，抑制污染态势“点—线—面—网”的进一步蔓延。

生态修复力求做到以下几点：

（1）保护与发展协同。衡量一个国家的国力，衡量一个区域的可持续发展能力，应是两部分资产之和，一部分是自然资产，另一部分是经济资产。单独保护自然资产，不发展经济资产，百姓过不上好日子，但单独追求经济资产，自然资产也会大幅度下降。整体保护、系统修复、综合治理是为了更好地绿色发展、可持续发展。因此，整体保护、系统修复、综合治理要综合考核、绿色核算，争取自然资产、经济资产综合效益的最大化。

（2）相关部门都能认可——生命共同体践行。地球作为一个经历多时空尺度物化生过程形成的复杂系统，在空间上表现为多圈层体系。地球各圈层（岩石圈—土壤圈—生物圈—水圈—大气圈）、各过程（生物过程、物理过程、化学过程）、各要素（如山水林田湖草沙冰）之间相互作用、相互联系。

（3）破解三大矛盾。生态系统至少有 3 个特点，包括要素的综合性、空间的连续性、时间的持续性；政府管理的现实是管理事权的部门化、空间区域的政区化、行政管理的届次化；政府管理的现实和生态系统的 3 个特点具有异构性，构成 3 对矛盾，所以要突破行政区划的范围讨论才更科学、更符合发展的需要。

（4）抓住核心——垂直结构和水平结构。生物群落的垂直结构和水平结构是大气循环、地质循环、水分循环和生物循环的场所，是各种物理过程、化学过程、生物过程、能量流动和物质交换转化过程最活跃的场所，是人类生产活动的基础，它构成了一个完整的生物与其环境密不可分的系统。

（5）抓住生态要素的“灵魂”——水。

（6）由“开刀治病”转向“健康管理”。

2.3　矿区生态修复中退化土壤基质改良

2.3.1　贺兰山矿区环境与生态恢复

2.3.1.1　我国矿产资源丰富，占国民经济的重要地位

全国90%以上的能源和80%的工业原料取自矿产资源。已发现矿产170多种、2万多处。西北煤炭、石油和天然气资源量分别占我国煤炭、石油、天然气总量的51.8%、30.3%和39.2%，是我国重要能源重化工基地，也是重要农林牧业生产基地。

14个大型煤炭基地：晋东（包括长治、晋城两市），晋中市，晋北（泛指山西省北部地区），陕北地区（包括榆林市和延安市），黄陇，宁东镇，神东，蒙东地区（内蒙古东部五盟市地区），新疆维吾尔自治区（以下简称新疆），冀中（是原晋察冀边区的重要组成部分），鲁西（山东省西部），河南省，两淮（江苏省长江以北淮河南北的大部地区），云贵（云南省和贵州省）。

九大煤电基地：山西省[晋东南（山西省东南部）、晋中、晋北]，陕北地区、彬长地区（彬州市、长武县的简称），宁东镇，准格尔旗、鄂尔多斯市，锡林郭勒盟、呼伦贝尔市、霍林河，宝清县，哈密市、新疆准东经济技术开发区、伊犁哈萨克自治州，陇东（庆阳市），贵州省。

2.3.1.2　贺兰山生态地位与矿区环境问题

（1）贺兰山地位与作用。贺兰山是我国西北生态安全屏障。拦截西伯利亚寒流东进，阻挡腾格里沙漠入侵，使宁夏富足美丽。贺兰山的作用包括涵养水源、保育土壤、固碳释氧、林木积累营养物质、净化大气环境五大功能。

贺兰山国家级自然保护区，是西北生物多样性宝库。高等植物655种，其中国家保护植物如沙冬青等有6种；陆栖脊椎动物135种，其中国家重点保护动物如林麝、蓝马鸡等有16种。

（2）贺兰山的环境问题：

1）采选矿“三废”危害。贺兰山号称宁夏的“父亲山”，地区煤炭资源丰富，

90%的煤矿整治点集中在石嘴山市。采煤产生的有害气体、矿渣、废水、粉尘等直接影响矿山和周边地区环境，煤矸石产生酸性水，土壤重金属污染严重。

2）废弃物占地。

3）景观环境破坏：全国 11.3 万座矿山采空区 1.349×10^6 hm^2，植被破坏严重。

4）地质环境灾害：露天矿边坡崩落，井下采空区地面塌陷，矿井突水等诱发土壤侵蚀、土地沙化及滑坡、泥石流等地质灾害。

（3）贺兰山生态修复面临的主要问题：

1）干旱缺水，年降水量 180 mm，植被恢复困难。

2）多为石质山，植被建造缺土和土壤退化现象突出。

3）矿区和地形类型多样，矿区有露天和井工煤矿，非煤矿山和金属非金属矿山类型，废弃物堆场、坡面疏松等。

4）社会经济发展相对缓慢，需要国家支持。

贺兰山矿区生态修复，整体规划以白中科教授的基质改良（土壤重构）为核心。图 2-7 为矿区生态重建五段论。

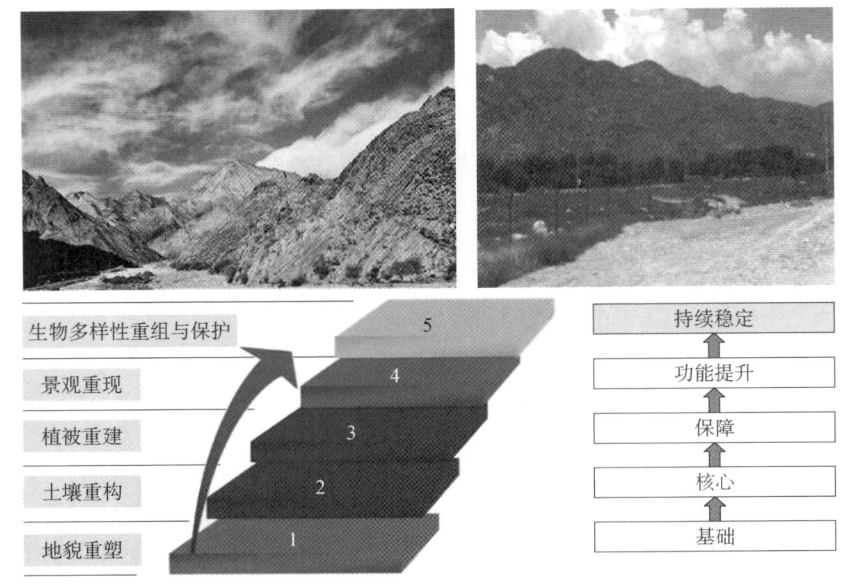

图 2-7　矿区生态重建五段论

资料来源：白中科：《土地复垦技术与管理》，中国大地出版社 2016 年版。

土壤内涵不断扩展，所以土壤重构在矿区生态重建中意义重大。

（1）土壤是植物生长繁育和生物生产的基础。

1）土壤的营养库作用。

2）土壤养分转化和循环的作用。

3）土壤的雨水涵养作用。

4）土壤对生物的支撑作用。

5）土壤在稳定和缓冲环境变化方面的作用。

（2）土壤是农业生产和生态文明的基础。

1）土壤是农产品获得的基础。

2）土壤是区域文化传播的媒介。

3）土壤是地球圈和人类可持续发展的基础。

2.3.2　矿山生态修复的土壤基础

2.3.2.1　土壤是矿山生态修复的基础

土壤是地球陆地表面能生长绿色植物的疏松表层。此定义总结与概括了土壤的位置是处于地球陆地表面，最主要的功能是生长绿色植物，其物理状态是由矿物质、有机质、水和空气等组成的具有疏松多孔结构的介质。

2.3.2.2　土壤形成

对于土壤风化过程，俄罗斯现代土壤地理学奠基人 B. B. 道库恰耶夫，19 世纪末在科学调查的基础上创立成土因素学说。B. P. 威廉斯发展了该学说，创立统一形成理论。图 2-8 为土壤形成示意图。

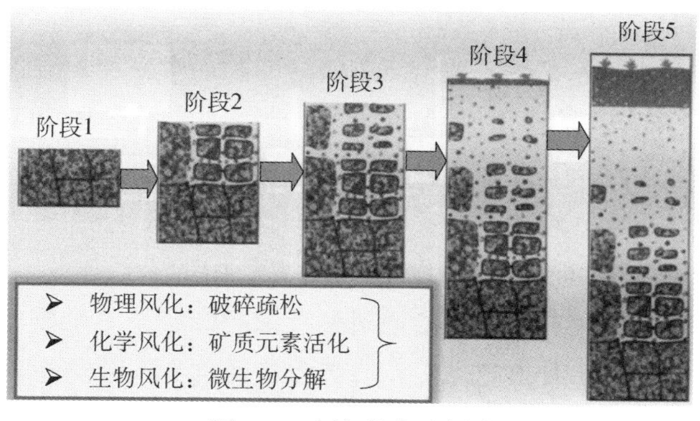

图 2-8　土壤形成示意图

2.3.2.3 土壤组成

土壤是一个包含固、液、气三相多组分的、开放的物质系统。

（1）土壤水分——生物生存的基础。图 2-9 展示了土壤水分与土粒的能量关系、土壤水分形态和有效性情况。

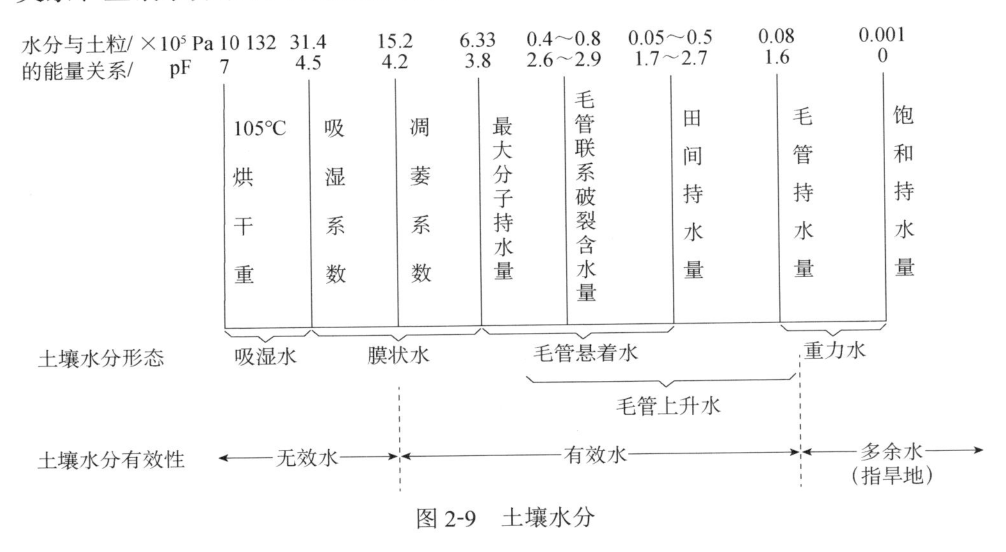

图 2-9 土壤水分

（2）土壤肥力。土壤肥力，是指土壤在植物生长发育全部过程中不断地供给植物以最大量的有效养分和水分能力，同时而且自动地协调植物生长发育过程中最适宜的土壤空气和土壤温度的能力。总之，土壤肥力是土壤物理、化学、生物等性质的综合反映，土壤的各种基本性质都要通过直接或间接的途径影响植物的生育发育。因此，土壤中的各种肥力因素不是孤立的，而是相互联系、相互制约的。这说明土壤不是一个简单的仓库贮存水分和养分以供植物利用，而它的结构和功能具有相互协调和易于人工调节的能力。所以土壤肥力是土壤本质的特性和生命力，土壤有了肥力植物就能生长，没有肥力就没有植物的生长。土壤肥力可分为自然肥力，人工肥力，有效肥力，潜在肥力和经济肥力。自然肥力包括土壤所共有的容易被植物吸收利用的有效肥力和不能被植物直接利用的潜在肥力。人工肥力是指通过种植绿肥和施肥等措施所创造的肥力，其中也包括潜在肥力和有效肥力。经济肥力是通过人工劳动中所进行的各种生产措施的调节，使土壤肥力为植物生长所利用的就是经济肥力。肥沃土壤的标志是：具有良好的土壤性质，丰富的养分含量，良好的土壤透水性和保水性，通畅的土壤通气条件和吸热、保温能力。

表 2-1 显示了土壤有机质与土壤肥力的关系。

表 2-1 土壤有机质与土壤肥力的关系

项目	指标划分				
肥力水平	低	较低	中等	较高	高
有机质/%	＜0.5	0.5～1.0	1.0～1.2	1.2～1.5	＞1.5

（3）土壤生物学性质。土壤生物由多种微生物、植物和动物组成。数量最多的是微生物，微生物通常是描述一切不借助显微镜用肉眼看不见的微小生物，包括细菌、真菌和蓝藻等，每公顷肥沃土壤表层有几吨到几十吨微生物。

土壤微生物作用：

1）在生态系统中作用巨大。微生物参与土壤生物化学过程、有机物分解转化过程、菌根形成，与植物互利共生并对生物多样性和生态系统功能产生影响等，在生态系统中起着举足轻重的作用。

2）在土壤碳、氮、硫和其他元素生物地球化学循环中起着关键作用。目前定种微生物只有大约 10 万种，远比动植物少，还不到自然界中微生物总数的 1%。

2.3.2.4 矿山生态修复概念与主要内容

（1）生态修复概念。生态修复研究和实践概念，即利用生物和生态技术修复荒漠化、石漠化、盐碱化和城市退化土地（详见 1980 年 Cairns 主编的《受损生态系统的恢复过程》）。

生态修复建设目标：2020 年全国森林覆盖率从 20%增加到 23%，2050 年达到并稳定在 26%以上，建设重点投入矿山生态修复和沙漠化治理的新兴领域。

（2）矿山生态修复主要内容：

1）受损农地再利用。主要是工程措施辅以生物措施和农耕措施，减少水土流失，保存土壤养分。

2）废弃矿井资源再开发。矿井水净化后可作为灌溉和景观用水，矸石堆可充填塌陷坑和进行矿业遗迹旅游资源开发等。

3）合理开发和保护未利用废弃地。矿山废弃地封山育林、荒地植树造林、农业开发、旅游开发。

4）地质灾害防治。防治泥石流、滑坡、塌陷、煤矸石山自燃等灾害。

5）生态景观建设。建设休闲生态旅游、文化教育基地、地质公园等。

（3）矿山生态修复中退化土壤改良意义：

1）消除污染物，保障土壤环境安全。解决废弃矿物中重金属、有机污染等污染物渗漏地下水，或通过地表径流污染矿区周边土地土壤，造成环境安全风险问题。

2）促进土壤结构改良和肥力提升，为植物成苗和生长奠定基础。解决矿区废弃物堆场和排土场复垦及植被建造中土壤质地差、水肥保持力弱等问题。

3）改良盐碱化、酸化和荒漠化等退化土壤，促进退化土壤的植被恢复。解决矿山公园、矿山生态旅游等社会经济发展的技术问题。

4）为同类土壤修复工程提供经验。例如，为“海绵城市”建设、农村宅基地再生利用、道路边坡治理等提供借鉴，将产生巨大经济效益和社会生态效益。

2.3.2.5 矿山退化土壤修复的关键

“生态修复=环境修复＋植被恢复。”

（1）污染物治理与土壤修复。矿山环境修复中，污染物种类多样，重金属等污染物在土壤表层积累，对周边土壤和植被生长质量有潜在安全风险。

（2）土壤结构和肥力提升改良土壤重构。矿山植被恢复中，矿山废弃物堆场复垦覆土结构破坏，肥力极端贫瘠，多为半生土，水肥保持能力差，有机质含量极低，成为植被恢复关键限制因素——土壤重构。

（3）土壤退化的治理。矿山废弃物中积水或水分强烈蒸发，间接导致土壤盐碱化（如内蒙古部分土壤 pH 为 8.5）或酸化（如黑河市部分土壤 pH 为 4），对植物种植和成苗生长危害严重。

2012 年，山西临汾煤矿矸石山、复垦山生土造林困难；2011 年，甘肃窑街煤矿工业场地造林缺土问题突出；2011 年，内蒙古鄂尔多斯煤矿区矸石山复垦土壤熟化不足、结构疏松、干旱缺水、肥力贫瘠，边坡水土流失严重，植被建造困难。

2.3.3　矿山退化土壤改良技术

（1）国内外同类技术评价。相关理论和技术实践落后，至今尚无国家级相关技术标准。德国在 20 世纪 20 年代开始相关研究；英国、美国、澳大利亚在 70 年代恢复生态学兴起；1981 年美国发布最佳经营指南（BMP）。

在我国，80 年代零星开始相关研究，90 年代开始增多。但是，大多数研究注重物理或化学方法改良土壤，对植被恢复技术关注很少。目前的国际共识是，矿区及废弃地复垦的根本措施是植被恢复，基础是土壤改良。

（2）矿山生态修复中的退化土壤改良技术。退化土壤改良技术包括物理技术、化学技术、生物技术和工程技术。具体的退化土壤改良技术包括异地取土措施（客土法）、废弃地土壤改造措施、土壤肥力培育措施。

2.3.4　针对贺兰山矿区土壤改良的几点建议

（1）结合宁夏社会经济发展，制定贺兰山生态修复与环境保护建设规划。

（2）结合贺兰山地理地形和气候，提出贺兰山矿区土壤改良和保护的目标、内容、技术措施和管理对策。

（3）针对废弃矿区或旧矿区以及正在生产的新矿区，结合《污染地块土壤环境管理办法（试行）》《工矿用地土壤环境管理办法（试行）》制定矿区管理办法。

（4）结合《贺兰山生态环境综合整治修复工作方案》，建立贺兰山矿区退化土壤修复技术储备，制定非金属非煤矿区、煤矿和金属矿等不同类型修复区精准修复方案（一例一案）；结合系统设计，采用物理、化学和生物及工程修复技术集成模式；综合绿色矿山、矿山地质公园、矿山生态旅游等生态建设和开发，加快推动矿山生态修复工程发展。

例一：北京市门头沟废弃矿区生态修复。“十三五”期间，门头沟修复矿山 8000 亩，2020 年森林覆盖率达 44%。

例二：北京百花山国家矿山公园综合产业模式。百花山景区由四大部分组成，即百花山主峰景区、百花山草甸景区、望海楼景区、百草畔景区。

（5）加强贺兰山生态修复中的土壤基质改良，为植被恢复或生产建设利用提供可靠基础。土壤基质改良目标和材料不同，材料基质改良技术的体系和应用也不同，主要应用包括农业利用（作为葡萄、枸杞、蔬菜等经济作物的种植地）、林业用地（有利于水源涵养、可作经济林和生态林）、草业用地（可生长畜牧业饲料植被、形成生态草地）、地质公园、旅游等利用。

（6）加强修复项目验收及效果的绩效评估力度，保障修复资金有效利用和修复项目的效益。绩效评估的四个方面，即政策相符性、制度健全性、过程规范性、效果有效性（数量、质量、可持续性、用户满意度等）。

2.4 祁连山国家公园体制试点与贺兰山生态修复的科技储备

2.4.1 政策层面

建设生态文明是中华民族永续发展的千年大计。坚定走生态发展、生活富裕、生态良好的文明发展道路，建设美丽中国，为人民创造良好生产生活环境，为全球生态安全作出贡献。2017 年 10 月 18 日，习近平总书记在党的十九大报告中指出："必须树立和践行绿水青山就是金山银山的理念，坚持节约资源和保护环境的基本国策，像对待生命一样对待生态环境，统筹山水林田湖草系统治理，实行最严格的生态环境保护制度，形成绿色发展方式和生活方式，坚定走生产发展、生活富裕、生态良好的文明发展道路，建设美丽中国，为人民创造良好生产生活环境，为全球生态安全作出贡献。"

2016 年,《关于青海祁连山自然保护区和木里矿区生态环境综合整治调研报告》上批示：对严重生态问题要扭住不放、一抓到底，不彻底解决绝不松手。各地区、各部门要真的从思想上重视生态文明建设，认真地贯彻绿色发展、协调发展理念，生态安全责任制，领导同志要亲力亲为，特别是要下大气力抓破坏生态环境的典型，确保生态环境质量得到改善，确保绿水青山常在，各类自然生态系统安全稳定。

习近平总书记在西北生态方面相关简报上作出批示，甘肃、青海要坚持生态保护优先，落实生态保护责任，加快传统畜牧业转型发展，加紧解决突出问题，抓好环境违法整治，推进祁连山生态保护与修复，真正筑牢这道西部生态安全屏障。

2019 年 8 月，习近平总书记在甘肃考察时表示，这些年来祁连山生态保护由乱到治，大见成效。甘肃生态保护工作体现了新发展理念的要求，希望继续向前推进。祁连山是国家西部重要的生态安全屏障，这是国家战略定位，不是一省一地自作主张的事情。我们发展到这个阶段，不能踩着西瓜皮往下溜，而是要继续爬坡过坎，实现高质量发展，"绿水青山"就可以成为"金山银山"。

2.4.2 理论层面

设立祁连山国家公园的重大意义：①有利于筑牢国家西部生态安全屏障；②有利于增强祁连山水源涵养功能；③有利于保护生物多样性；④有利于探索自然资源资产管理的新体制；⑤有利于解决祁连山保护的历史遗留问题；⑥有利于推进民族团结、和谐稳定及区域转型发展。

设立祁连山国家公园对区域经济社会的影响：能较好地保存自然演替形成的完整的生态系统，能增强祁连山区生态功能和生态产品供给能力，可以使三大河流的水源地得到有效保护，可以促进河西走廊生态文化日益繁荣，是提高生活质量和幸福指数的重要途径，可以排除与保护目标相抵触的开采或占有行为。

2.4.3 科技层面

图 2-10 展示了生态修复的科技支撑。

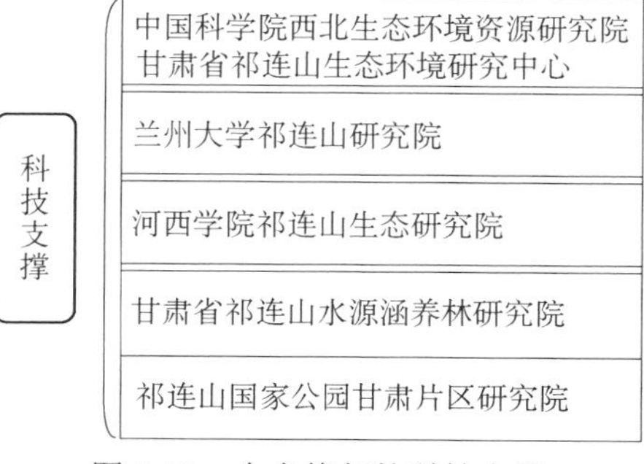

图 2-10 生态修复的科技支撑

科研项目举例

（1）祁连山（黑河流域）山水林田湖草生态保护修复项目。

按照“山水林田湖草是生命共同体”的科学论断，把黑河流域作为一个完整的生态系统，实施整体保护和系统修复，以此破解生态环境保护难题，全面提升自然生态系统的稳定性和生态服务功能，加快推进西部生态安全屏障建设。

图 2-11 为自然水和人工水循环过程。

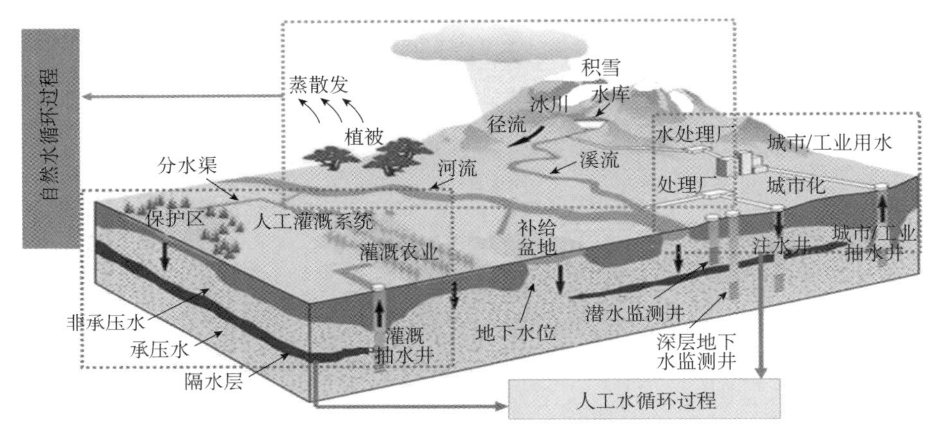

图 2-11　自然水和人工水循环过程

（2）祁连山生态保护修复监测能力建设及科技支撑项目：

1）山地生态系统建设体系：西水作业区。布设生态感知系统，实现对土壤有效水分含量，流域内水位、水质、水温、流速、流量，树干的生长微变化情况、林木蒸发蒸腾量，野外地表水位及流量、坡面径流量，流域产流量、野外径流产生过程，树冠截留情况、树干径流量，动植物的生长发育情况等项目指标的全方位监测。

2）绿洲生态系统建设体系：龙渠作业区。布设全自动气象监测系统，实现对绿洲区风速、风向、雨量、温度、湿度、气压、太阳辐射、空气质量等全要素气象参数的实时监测。结合“天眼”监测系统对绿洲区生态安全进行实时监控，处理反馈信息。

3）荒漠生态系统建设体系：红沙窝作业区。布设全自动气象监测系统，实现荒漠区风速、风向、雨量、温度、湿度、气压、太阳辐射、空气质量等全要素气象参数的实时监测。结合荒漠化综合防治监测系统，对荒漠区生态系统进行全面实时监控。

4）构建祁连山生态监测与保护智能服务平台。根据祁连山生态环境监测与保护项目建设的要求，以生态环境监测、研究、管理为目标，构建祁连山生态监测与保护智能服务平台，实现数据的集中管理和共享，进而提升数据的应用价值（见图 2-12）。

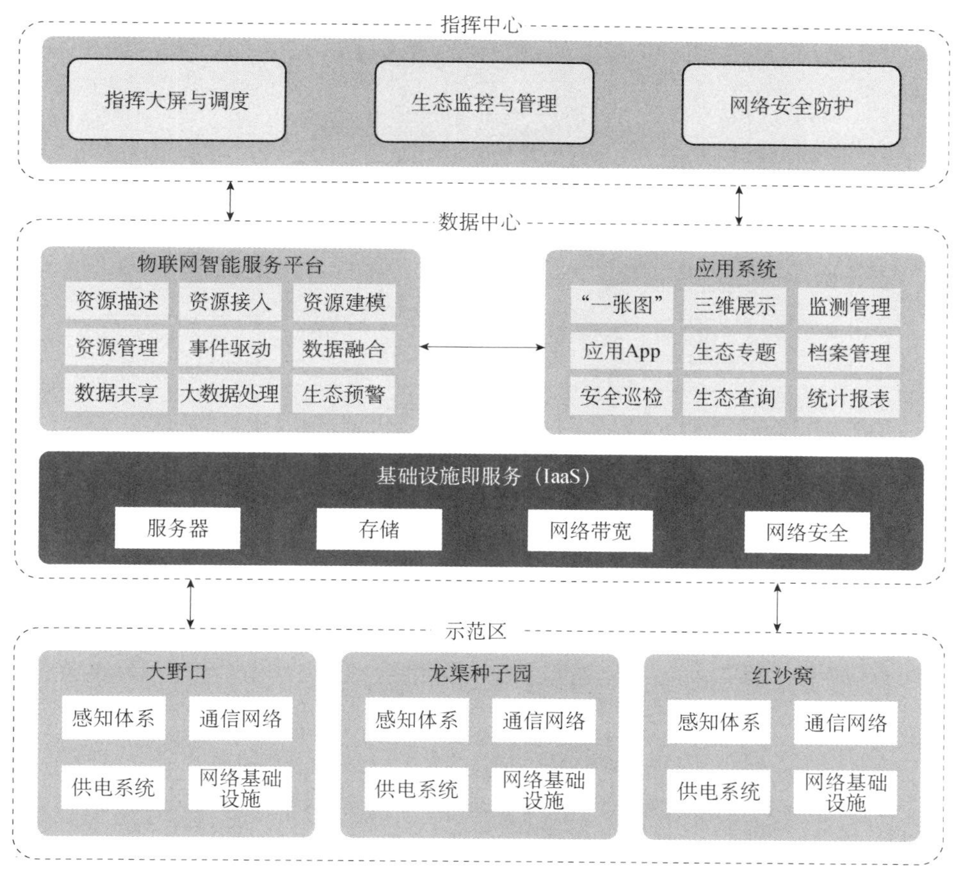

图 2-12　智能服务平台体系

（3）祁连山生态治理成效评估研究。图 2-13 为植被变化评估及方案，图 2-14 为矿山开发对生态的影响评估及修复方案，图 2-15 为水电站开发对生态的影响评估及修复方案。

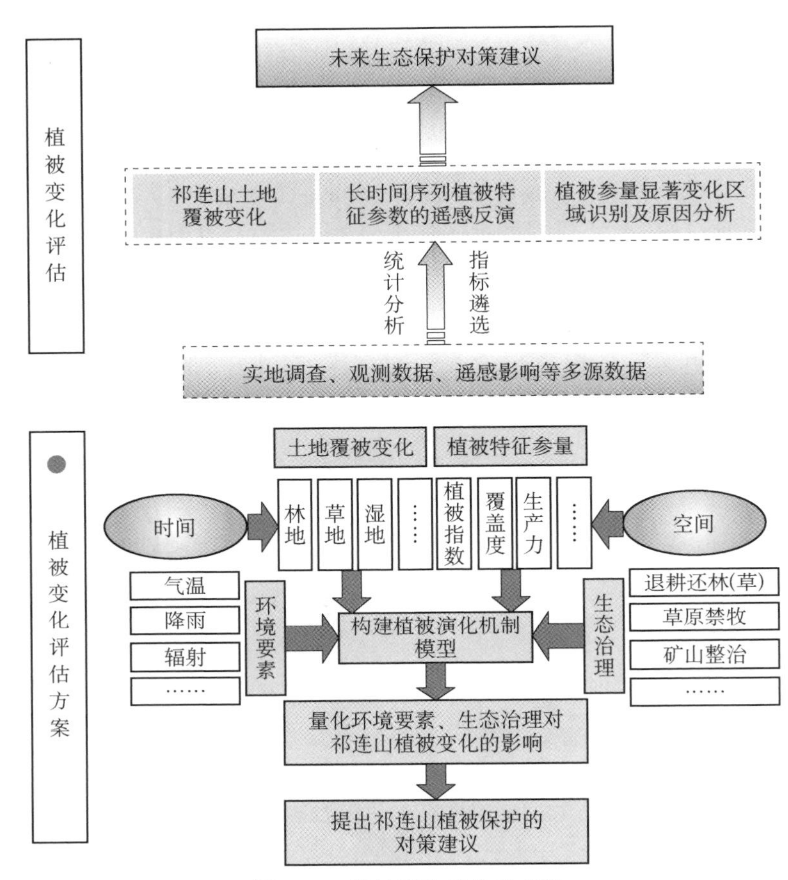

图 2-13　植被变化评估及方案

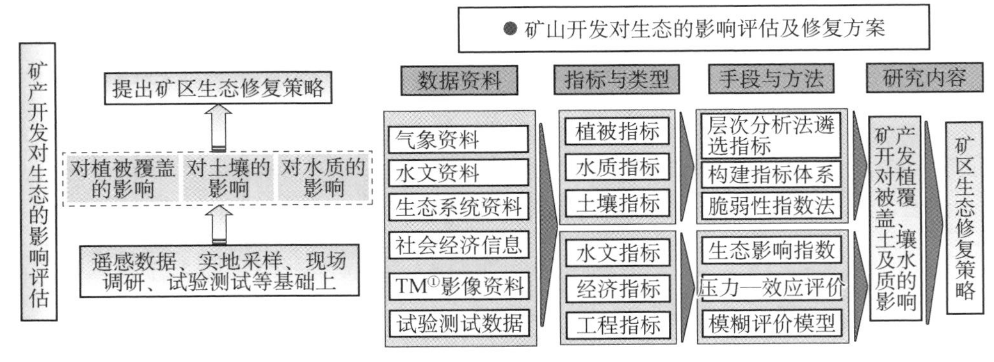

图 2-14　矿山开发对生态的影响评估及修复方案

注：TM 为专题制图仪。

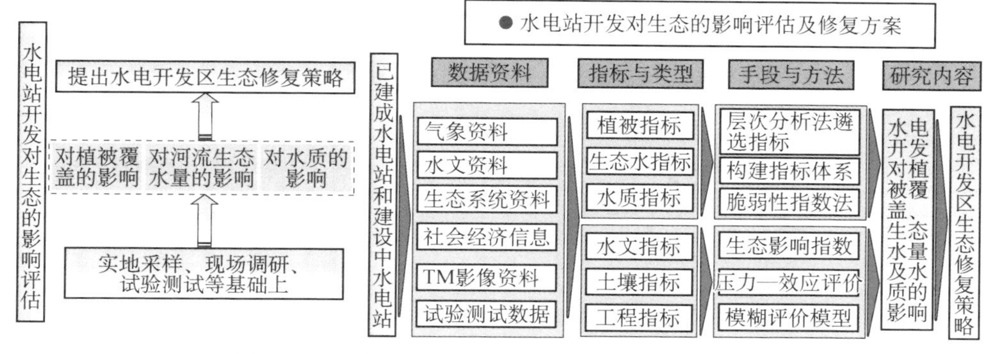

图 2-15　水电站开发对生态的影响评估及修复方案

2.4.4　技术层面

（1）生态修复工程数据采集。生态修复工程数据采集的工作包括对生态修复区矿业权进行实地勘测，修复区数据采集、处理和统计，采样并对水污染和土壤污染进行分析，多源遥感数据处理，几何校正与配准，图像增强，多源遥感数据融合，主要监测目标及图像特征提取。

（2）微生物在高寒湿地生态系统修复中的应用。利用生物菌绿化技术进行生态植被修复。在增加土壤养分的基础上添加菌群，利用微生物进行养分转化，使无效土壤或沙漠转化成植物可生长的熟化土壤，从根本上解决植物存活的营养供给和有效土壤的问题。所有菌株均分离自不同条件下的“三化”土地、岩石边坡、废弃矿山和戈壁滩等。

生物菌绿化技术创新点：

1）利用微生物改良土壤，加快土壤的稳定修复。

2）以秸秆为原料生产绿化基材，形成环境友好型的高效生态修复技术。

3）机械快播高寒草甸、本土耐旱籽种，实现生态系统可持续性恢复。

生物菌绿化可广泛应用于贫瘠土地（湿陷性黄土边坡）、沙漠、岩石边坡（公路、铁路沿途边坡）、废旧矿山和退化草场、高寒干旱高盐碱土地等各种立地条件困难的生态植被修复。其优势是改善瘠薄的土壤环境与植物根际环境，改变传统的绿化模式，达到保护环境、涵养水源的绿化效果。

图 2-16 和图 2-17 分别为生物菌绿化技术原理及其特点和生物菌绿化施工工艺。

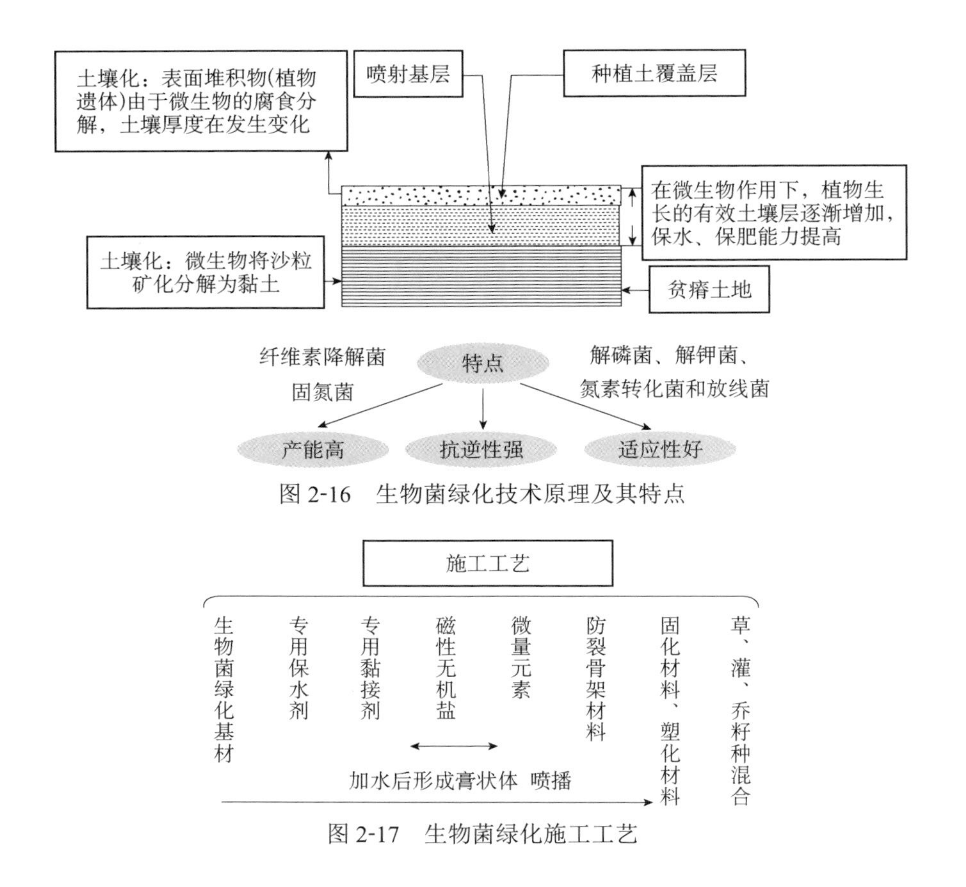

图 2-16　生物菌绿化技术原理及其特点

图 2-17　生物菌绿化施工工艺

2.5　争取将宁夏全域列为国家生态效益补偿试点区的建议

根据习近平总书记在宁夏调研考察时的指示精神，宁夏要努力建设黄河流域生态保护和高质量发展先行区。为确保这一重大战略的顺利实施，借此机遇，积极争取将宁夏全域列为国家生态效益补偿试点区。

2.5.1　必要性

（1）建设黄河流域生态保护和高质量发展先行区的需要。宁夏是全国唯一一个黄河流域覆盖全区的省区。黄河穿越宁夏 397 km，主流、支流和扬黄灌区覆盖全境 5 个地级市，自流灌溉区 540 万亩，是全区重要的能源资源富集区和西北地区重要的商品粮生产基地，属沿黄经济区和内陆开放型经济试验区的重点区域。先行区的建设是促进整个黄河流域协同治理的客观要求，是走出宁夏高质量发展新路子的必然选择。

（2）建设全域生态旅游省区的需要。国家《省级空间规划试点方案》中宁夏是继海南省后第二个被列为省级空间规划建设全域旅游的示范区。宁夏因黄河而生，因黄河而名，因黄河而兴，将宁夏全域列入生态效益补偿试点，是落实国家关于省级空间发展规划方案的重要举措，更是全面提升宁夏的社会经济资源和文化旅游资源，实现区域资源有机整合，产业融合发展，社会共建共享，建设美丽新宁夏的重要保障。

（3）为丰富及拓展国家生态效益补偿试点区域和内容提供范例。2019 年 11 月，国家发改委印发了《生态综合补偿试点方案》，并在安徽、福建等 10 个省区 50 个县启动生态效益综合补偿试点。按照方案的要求，各试点县在“创新森林生态效益补偿制度”“推进建立流域上下游生态补偿制度”“发展生态优势特色产业”“推动生态保护补偿工作制度化”方面展开。与上述试点内容和县相比，宁夏虽为省级行政建制，但地域相对较小，森林、草原、湿地等生态类型多样，地方优势特色产业集群多，开展生态效益补偿时间长，自治区党委、政府高度重视，以及有 10 多年天然草原禁牧封育等重大生态保护与效益补偿的成功经验。在宁夏进行全域生态效益综合补偿试点，能为全国进一步拓展和丰富生态效益综合补偿的内容和方式，也以省域为单位推行生态效益综合补偿提供范例。

（4）对宁夏生态立区战略的丰富和发展。自治区第十二次党代会明确提出，要大力实施生态立区战略，深入推进绿色发展，争取将宁夏全域列入全国生态效益综合补偿试点区，将极大地推进宁夏生态立区战略的顺利实施，对母亲河的保护、西部生态屏障建设，生态文明的制度体系的建立，实现资源能源集约节约利用，促进经济社会和谐发展有重大意义。

2.5.2　有利条件

（1）宁夏实施的国家生态建设和生态效益补偿项目为先行先试奠定了基础。本世纪初，特别是“十八大”以来，国家重大生态保护和修复工程基本覆盖宁夏全域，为实施全域生态效益补偿试点创造了良好的条件。

在《西部大开发“十二五”规划》中，秦岭—六盘山等7个不同类型区被列为国家生态补偿示范区建设；2010年启动的湿地保护补助，宁夏有沙湖、青铜峡鸟岛等多个湿地列入国家保护补助的范围；2013年开展的生物多样性保护补助，涉及宁夏14个自然保护区。

2013年国家将沙坡头区长流水、灵武市白芨滩防沙林场等五地设立为沙化土地封禁保护补助试点，封禁总面积为75万亩。2016年，宁夏成为全国继海南后第二个国家全域旅游示范省（区），境内有多个国家5A级旅游区。建成贺兰山、六盘山等多类型自然保护地68个。

2020年，国家发布《支持引导黄河全流域建立横向生态补偿机制试点实施方案》《全国重要生态系统保护和修复重大工程总体规划（2021—2035年）》，为宁夏全域生态补偿提供了政策依据和重要保障。

（2）宁夏在生态建设和效益补偿方面的实践为实施好全域生态效益补偿试点创造良好的条件。

1）森林生态建设和效益综合补偿成绩显著。

自2001年退耕还林生态效益综合补偿项目实施以来，宁夏荒漠化面积减少164.6万亩，沙化土地面积减少56.6万亩，实现了荒漠化土地和沙化土地面积双缩减以及“沙进人退”到“绿进沙退”的历史性转变。林业及相关产业产值达到200亿元。

2005年至今，宁夏纳入国家补偿的森林面积875.66万亩，完成造林1305.5万亩，生态公益林得以有效管护，森林资源显著增加，森林覆盖率从“十二五”末的12.63%增加到2018年底的14.6%。

天然林资源保护生态效益综合补偿项目使全区1530万亩林地得到管护，解决了6879名国有林业场圃职工的工作与生活问题，稳定了国有林场职工队伍。湿地生态效益综合补偿，近五年补助面积52.51万亩。

2）草原生态保护建设和效益补偿方面效果突出。

2003年宁夏在全国率先实行以省为单位的全域禁牧封育，牲畜舍饲圈养，同时启动了“百万亩人工种草工程”，到2018年草原综合植被覆盖度达55.43%，较2010年增加11.39%，连续5年保持在50%以上。

退牧还草围栏建设工程实施以来，共建设草原围栏1729.95万亩，退化草原补播改良975.75万亩，分别占天然草原总面积的64%和22%。项目惠及全区

23.3 万户农民，沙化草原面积减少了 65%。

草原生态保护奖励。2011～2015 年，完成 17 个县（市、区）草原禁牧 3556 万亩和 570 万亩多年生人工草地更新及草原保护建设等工作。2016—2020 年落实草原禁牧补助面积 2599 万亩，14 个县（市、区）39.2 万户农户受益。

3）矿山治理、空气质量和水源生态补偿制度和办法趋于完善。

矿山治理成效显著。2008 年，自治区制定了《宁夏矿山环境治理和生态恢复保证金管理暂行办法》，自治区先后投入资金 11.2 亿元，全区 16 个市、县（区）约 70 万群众直接受益。贺兰山生态环境“保卫战”累计投入资金 17.01 亿元，整治了保护区内部 169 处和外围 45 处重点区域的生态环境。全区矿山地质环境破坏整体遏制，呈现局部好转的局面。

空气质量补偿初见成效。2017 年，银川市印发了《银川市环境空气质量生态补偿暂行办法》，当年补偿规模为 1886 万元，缴纳资金 1094 万元，2018 年补偿规模为 3546 万元。

水资源补偿方面。自治区人大和政府先后颁布了《宁夏水资源管理条例》等四部法规及配套政策，建立了流域生态补偿机制。2015 年以来，相继完成了国家水权改革试点，水流产权确权改革试点工作和水资源税改革试点。“绿色税收”杠杆成效凸显，倒逼水资源节约和保护。

2.5.3　对策建议

综上所述，建议将宁夏列为国家生态效益综合补偿试点区，其主要内容包括：森林草原生态效益补偿、黄河上下游及其支流生态补偿、生态优势特色产业补偿、耕地退化修复补偿及生态保护补偿工作机制等方面。

（1）创新森林草原生态效益补偿制度。对集体和个人所有的二级国家级公益林和天然商品林，引导和鼓励其经营主体编制森林经营方案，在不破坏森林草原植被的前提下，合理利用其林地和草原资源，适度开展林下种植养殖和森林草原游憩等非木质资源开发与利用，科学发展草原和林下经济，实现保护和利用的协调统一。完善森林草原生态效益补偿资金使用方式，优先将有劳动能力的贫困人口转成林草管护人员。

（2）建立黄河流域及其支流生态补偿制度，推进黄河流域横向生态保护补偿试点工作。进一步加强和完善黄河流域宁夏段 15 个国家水质检测断面和区内主要支流监测网络和绩效考核机制，建立资金补偿和多元化合作方式。同时，加强与上下游省区间横向生态保护补偿试点协作工作。

（3）健全地方生态优势产业补偿制度，加快发展特色产业。在严格保护生态环境的前提下，发展生态优势特色产业，按照空间管控规则和特许经营权制度，鼓励和引导以新型农业经营主体为依托，加快发展特色种养业、农产品加工业和以自然风光与民族风情为特色的文化产业和旅游业，实现生态产业化和产业生态化。支持龙头企业发挥引领示范作用，建设标准化和规模化的原料生产基地，带动农户和农民合作社发展适度规模经营。

（4）建立耕地退化修复补偿制度。研究科学修复退化耕地的有效措施，依据系统普查导致耕地退化的主要因素，划分退化等级，提出有针对性地预防和修复措施，建立责权清晰，监管有效，补偿合理的耕地退化修复制度。

（5）规范生态补偿标准和补偿方式，明晰资金筹集渠道，不断推进生态保护补偿工作制度化和法制化。根据全域省级生态效益补偿范围，明确总体思路和基本原则，统筹国家有关补偿资金，积极开辟地方补偿资金的渠道，制定生态保护补偿相关制度，落实补偿主体和客体的责任、权利和义务，加强监督管理与绩效考核，不断推进生态保护补偿工作制度化和法制化，为从国家层面出台生态补偿条例积累经验。

第3章 干旱区矿山生态修复新材料新技术

3.1 近自然生态修复技术

3.1.1 近自然生态修复技术的主要理念

（1）生态修复的主体是自然，而不是人。

（2）生态修复不等同于植被恢复，更不等同于造林种草，至少包括微生物区系、动物区系以及植被系统。

（3）人工生态恢复的标准是恢复到“不知道曾经是采矿迹地”的水平。

一般近自然生态修复从地形的近自然重塑、土体的近自然构建、天然降水的有效利用、矿区渣土培肥、植被的近自然构建等方面进行。

1）地形的近自然重塑。

地形的近自然重塑是依据自然生态相关要素（地质、地貌、水文、气象等）设计出一种近似自然地理形态的地貌，达到依靠自然、人工促进目的的生态修复过程。

地形近自然重塑利用的原理：因为地形、地貌是受自然界长期内营力和外营力作用的结果，是最适合当地的“形态”，所以人工修复的地形地貌要想保持“原貌”或“类原貌”，就要把破坏前的地形地貌或周边的地形地貌作为设计目标模板，要考虑降雨、土壤渗透性、坡向、坡度、高程、动物栖息习性等因素，使修复后的地形地貌与周边协调融合，达到低养护或免养护的效果，实现生态效益提高的目标（见图3-1）。

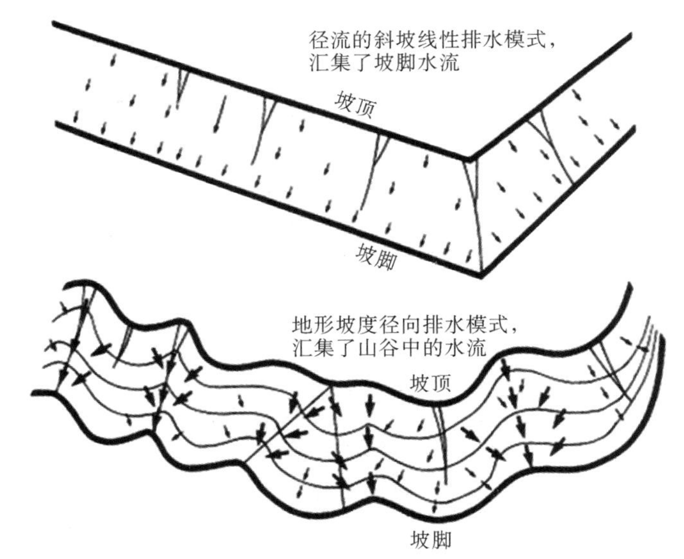

图 3-1　两种不同地形重塑模式比较

2）土体的近自然构建。

土体的近自然构建主要遵循：

① 因地制宜，就地取材，避免人工客土。

② 采—排一体，防止矿渣自燃。

③ 矿渣的人工快速成土，使渣、土调配。

④ 微生物、土壤动物、植物生境的构建。

例如，在汝箕沟的大峰露天矿，其土体构建时就是通过筛分渣土，改变不同土层的粒径级配，就地取材、渣土调配，构建新的土体。

3）天然降水的有效利用。

① 通过地形构建，如通过改变微地形设立草方格、鱼鳞坑、集水沟、梯田等，最大限度地蓄积天然降水，保蓄水土。

② 坡面水土保持措施使雨水就地蓄积，减少或者避免人工灌溉。

③ 通过地表覆盖，如使用碎石、秸秆等覆盖，减少蒸发。

④ 植被恢复初期辅以人工灌溉。

4）矿区渣土培肥。

通过菌根的筛选，并对筛选出的菌进行人工扩繁，促进土著微生物区系的建立和扩繁，对矿区生土培肥增效。

首先，要建立矿区丛枝菌根（Arbuscular Mycorrhizal，AM）真菌种质资源库。矿区迹地 AM 真菌群落组成及分布受土壤性质和微生物特性影响。

① 土壤性质。井工煤矿和露天煤矿采煤迹地的土壤性质显著不同；在同一煤矿类型下，其土壤性质又与区域类型有关。

② 微生物特性。采煤迹地类型不同，其微生物量不同；AM 真菌在采煤迹地的土壤和植物根系中均有大量分布。

其次，要接种优质真菌，促进矿区微生物重建、提升新土体的肥力。优质真菌的获得，以具体试验为例。

① AM 真菌资源。利用单孢扩繁技术对所采集土壤样品中的 AM 真菌进行分离纯化，获得 60 余株 AM 真菌的纯培养，基本完成矿区迹地 AM 真菌种质资源库的建立。

② 菌剂的研制。在盆栽条件下分别测定了所获得的 60 余株 AM 真菌对植物的促生效应，筛选出了两株促生性能较好的菌株，并将这两株 AM 真菌分别制成纯种或两种复合的菌剂。

5）植被的近自然构建：

① 利用乡土物种、适地适树的方式，同时适当引入外来物种用以丰富当地生物多样性。

② 要能满足野生保护动物的食源。

③ 采用以播种为主的种植方式。

④ 建立人工与天然复合的植被。

⑤ 也可以利用芽苗种植，如可以通过改变微地形、充分利用土壤种子资源库等方式，促进种子萌发。

3.1.2　贺兰山矿区迹地近自然生态修复的目标

（1）能够模拟自然保护区周边环境，为微生物、动物、植物提供栖息场所。

（2）修复后的地形地貌与周边一致。

（3）植物主要群落特征与周边相近，动物种类、丰富度与周边接近，群落具有相同的演替特征。

（4）不外调客土，能充分利用天然降水，逐步从人工养护过渡到免养护，减少大的土方搬运。

3.2 矿山边坡生态修复技术材料及其应用

3.2.1 边坡

3.2.1.1 边坡的定义和分类

边坡是工程活动或自然形成的斜坡，位于建筑物附近，其位移和变形可能对建筑物有影响。边坡包括建筑边坡、矿山边坡、道路边坡、水利边坡等，一些山坡严格上不属于边坡。表 3-1 为典型的边坡类型。

表 3-1 典型的边坡类型

<table>
<tr><th colspan="2" rowspan="2">边坡岩土性质</th><th colspan="6">边坡名称</th></tr>
<tr><th>缓坡 25°</th><th>陡坡 25°～35°</th><th>急坡 35°～45°</th><th>险坡 45°～55°</th><th>崖坡 55°～75°</th><th>崖壁 75°～90°</th></tr>
<tr><td rowspan="2">土质</td><td>松软土</td><td rowspan="8">—</td><td rowspan="2">土质陡坡</td><td rowspan="2">—</td><td rowspan="2">—</td><td rowspan="2">—</td><td rowspan="2">—</td></tr>
<tr><td>普通土</td></tr>
<tr><td rowspan="3">土石质</td><td>坚土</td><td rowspan="3">土石陡坡</td><td>坚土急坡</td><td>坚土险坡</td><td>坚土崖坡</td><td rowspan="3">—</td></tr>
<tr><td>砂砾坚土</td><td rowspan="2">土石急坡</td><td rowspan="2">土石险坡</td><td rowspan="2">土石崖坡</td></tr>
<tr><td>松石</td></tr>
<tr><td rowspan="3">岩质</td><td>次坚石</td><td rowspan="3">岩质陡坡</td><td rowspan="3">岩质急坡</td><td rowspan="3">岩质险坡</td><td rowspan="3">岩质崖坡</td><td rowspan="3">岩质崖壁</td></tr>
<tr><td>普坚石</td></tr>
<tr><td>特坚石</td></tr>
</table>

注：①表中简要列出了 13 类典型边坡名称，必要时可根据坡度细分坡质，反之亦然。②由于＜25° 边坡满足一般农林工程技术条件，故不做特别约定；剔除＞90° 不符合植物生态要求的反坡。③＜35° 边坡含堆积边坡，必要时可单独列出。④坚土特指稳固密实的母质（或老黄土）土层。⑤边坡不包含盐渍岩土、膨胀土、污染土等特殊岩土，涉及时需根据基坡专项设计调整。

边坡按岩土性质组成大致可分为岩石边坡和土石混合边坡（包括碎石边坡及部分土石混合边坡）两类。

岩石边坡主要为矿山开采遗留的创面，坡面一般较不规则，因缺少植被生长所需的基质条件，而不利于植被存活（见图 3-2）。该类型边坡基质保持能力差，即使采用客土种植或喷播种植等方式形成可供植被生长的基质层，但由于岩石表面附着能力较差，在降雨冲刷的作用下基质流失现象严重，久而久之，附着于岩面上的基质便不复存在，使得植被丧失生长基质而退化。

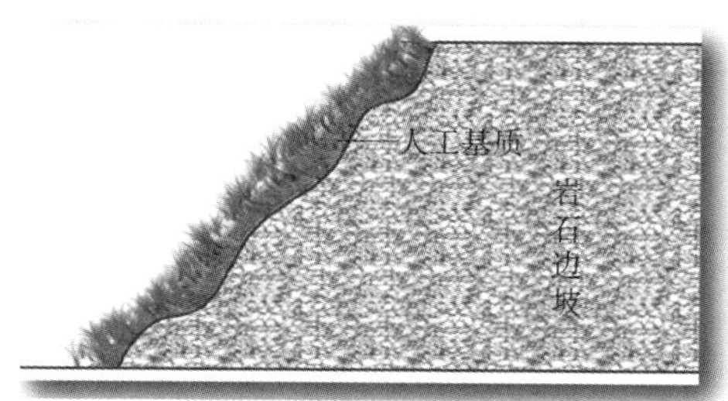

（a）人工基质绿化初期

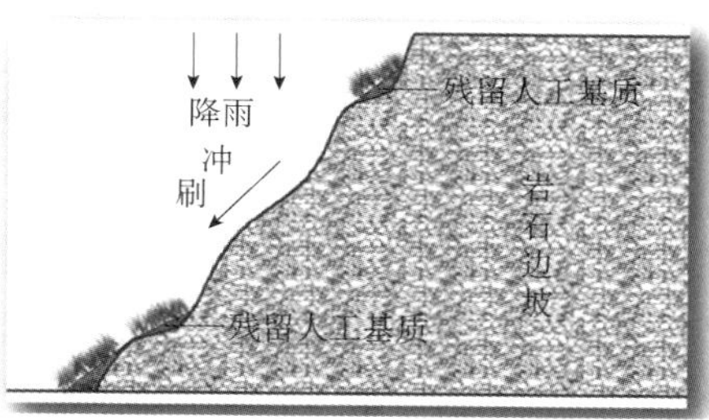

（b）人工基质流失后

图 3-2　岩石边坡不利于植被存活的情况

土质边坡按组成土的类型不同又分为碎石边坡和土石混合边坡两种，其中以碎石边坡为主，主要由矿山开采过程中的废弃煤矸石堆积而成。碎石边坡基质贫瘠或缺失，不适宜植被生长，且堆积体孔隙较大，水土保持性能差，即使采用人工基质进行植被恢复，也会由于碎石堆积体孔隙较大，基质随降雨渗漏流失，一段时间后植被因生长基质缺失而退化（见图 3-3）。土石混合边坡主要由矿山开采或矿石冶炼过程中的废弃矿渣（土）堆积而成，坡体一般较不稳定，尤其遇到雨水季节，水土流失及滑塌现象严重；土石混合边坡基质贫瘠，仅生长能力较强的植被可以存活，但坡体水土流失及滑塌容易导致坡面已有植被毁坏（见图 3-4）。

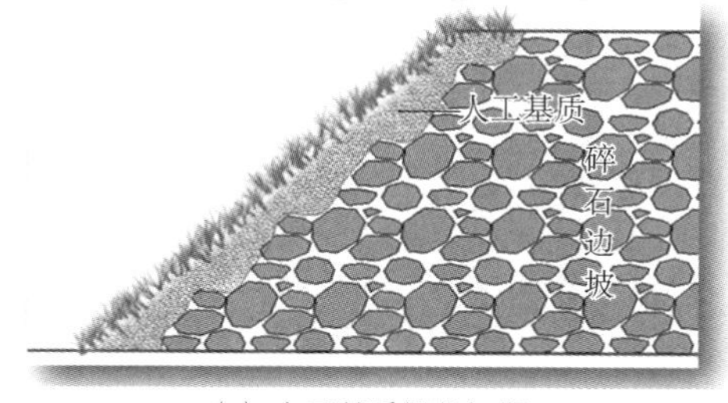

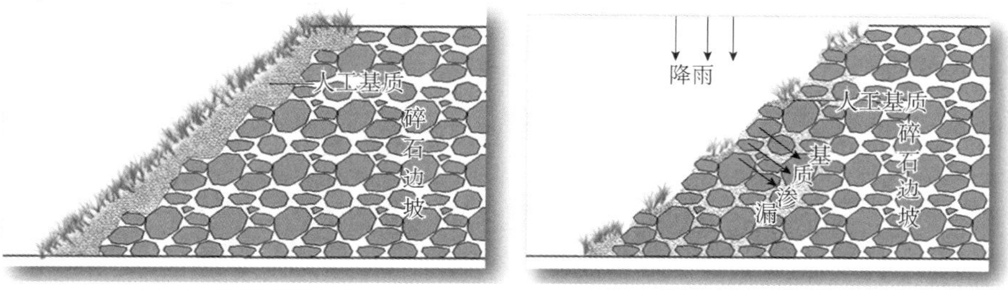

（a）人工基质绿化初期

（b）人工基质渗漏后

图 3-3　碎石边坡不利于植被存活的情况

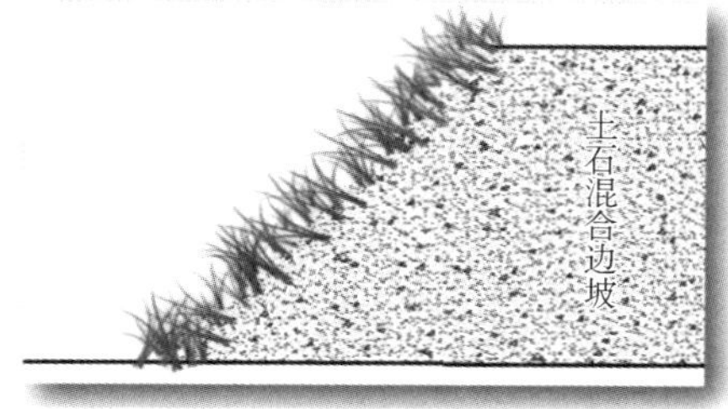

（a）种植绿化

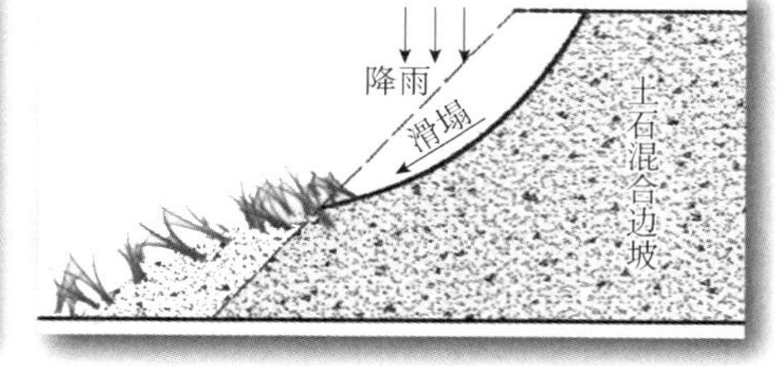

（b）滑塌流失

图 3-4　土石混合边坡不利于植被存活的情况

边坡（产生以及形成边坡后）的危害：不稳定性带来的危害，水土流失，与当地景观不协调，破坏当地生态系统。

3.2.1.2 矿山边坡生态修复面临的主要问题

（1）如果生态环境和景观遭到严重破坏，修复又不及时，并带来水污染、土壤污染、大气污染等一系列问题，会使边坡修复面临巨大挑战。

（2）边坡防护不到位、不及时，存在崩塌、滑坡、泥石流等次生地质灾害隐患，边坡修复就会变得比较困难。

（3）立地条件差，缺少植物生长的土壤环境，水资源缺乏，植被恢复难度大，周期长，会阻碍边坡修复的进行。

（4）对乡土植物在生态修复中的应用潜力尚需进一步挖掘。

（5）对不同技术、材料的组合技术应用尚需进一步研究。

（6）重修复轻维护，后期管理监督不到位，“一年绿，两年黄，三年五年死光光”。

3.2.1.3 矿山边坡生态修复设计原则

边坡植被恢复应以地质灾害防治为前提，以控制水土流失为基础，以建立目标植被为核心，以重构边坡自然景观为目标。

（1）安全性原则。边坡稳定是生态环境治理的基础。根据边坡的地质资料与现场勘察的实际情况，采取排险、固坡、加筑挡墙等措施，彻底消除落石、崩塌、滑坡等安全隐患。

（2）遵循自然规律、采用近自然的生态修复。以景观生态学为指导，以恢复生态为主要目标。经修复后的创面与周边环境浑然一体，恢复环境的自然原貌，避免太多人工痕迹。

（3）因地制宜、科学地采用相应的技术措施进行生态修复。克服一味追求国外引进技术和投资高昂的坡面防护技术，采用人工促进、自然恢复的方式实施坡面生态防护。

（4）科学地选择施工时间，避开极热、极寒、干旱、梅雨等气候条件不利的时段。

3.2.1.4　矿山边坡生态修复的植物选择

表 3-2 简单总结了植物对边坡的作用和产生的影响。

表 3-2　植物对边坡的作用和产生的影响

植物对边坡的作用	植物对边坡的作用所产生的影响好坏的判断
在水土保持、水文方面	有影响
在覆盖坡面、减轻雨滴溅蚀方面	好
在减缓坡面水流速度、降低水流侵蚀作用强度方面	好
在植物根系对表层土壤发生加筋作用、增强土壤抗侵蚀性方面	好
在截留雨水、减少雨水的土壤渗入量方面	好
在根系、凋落物增加坡面粗糙度和增强入渗性方面	坏
在通过植物蒸腾作用减少土壤水分含量和孔隙水压力方面	好
在通过植物蒸腾作用引起土壤开裂和增强土壤入渗性方面	坏

在植物的搭配设置上，主要从生态性、经济性、美观性等方面考虑。在恢复治理过程中要具体考虑坡度、高度、岩性、风力风向、周边环境等因素，首先要确定恢复目标植物群落的类型，然后构建先锋植物群落，改善土壤、小气候条件，为最终植被恢复目标的实现创造有利条件。

植物配置与选择应遵循的原则：

（1）因地制宜。参照周边自然植被群落的构成，应以具有良好水土保持功能的乡土植物为主，非生物入侵性质的植物可适当采用。

（2）目标植被群落要符合生物多样性及生态位原理。物种间应具有良好的共生性且能形成稳定的生态系统，能与周边自然生态环境融合。

（3）尊重自然，坚持以乡土植物为主的多物种生态原则。从植物品种的生态适应性、抗逆性、持续稳定性、多样性等特性出发，科学地选择多品种、多叶色、高差合理的植物配置模式，以本地优势乔灌木和地被植物为主，避免“娇贵”植物品种的应用，构建稳定的植物群落。

（4）坚持经济合理、管护简单的原则。合理利用边坡现状高差，尽量减少坡面整理时的机械作业量，控制机械作业成本；充分利用现场材料，减少外购、外运；合理利用坡面现状低洼处（如大面积的采石坑）作为储水池，收集雨水径流用于养护用水，节约养护成本；在考虑坡面植被恢复的同时，侧重考虑植被恢复速度和养护成本，力图实现在技术实施工程中勤维护，养护期间少维护，后期不维护，实现植被的自然生长和演替。

植物配置与选择的注意事项：

（1）根据边坡立地条件选择覆盖能力强、根系发达、抗逆性强的植物，深根系与浅根系植物结合。

（2）选择繁殖能力强的植物种类，它们能通过风力传播种子或通过根茎蔓延，迁入、定居到待修复坡面上。

（3）应合理配置先锋植物种子和目标植物种子的比例，多用目标植物种子。

（4）采用喷播方式时应选择适宜喷播的植物品种。

（5）种源容易获取、商品化程度高的植物品种应优先选择。

3.2.2 边坡生态修复技术体系

针对矿山、道路等不同特质、区域的边坡，结合工程特点，提供从前端资源调查、稳定性评价到植被营建，再到施工及后期养护、生态评价的完整技术体系，建立植物或工程与植物结合的综合护坡系统，起到水土保持、生态恢复的作用，实现景观提质及土地价值提升。图 3-5 简单总结了边坡生态修复技术体系。

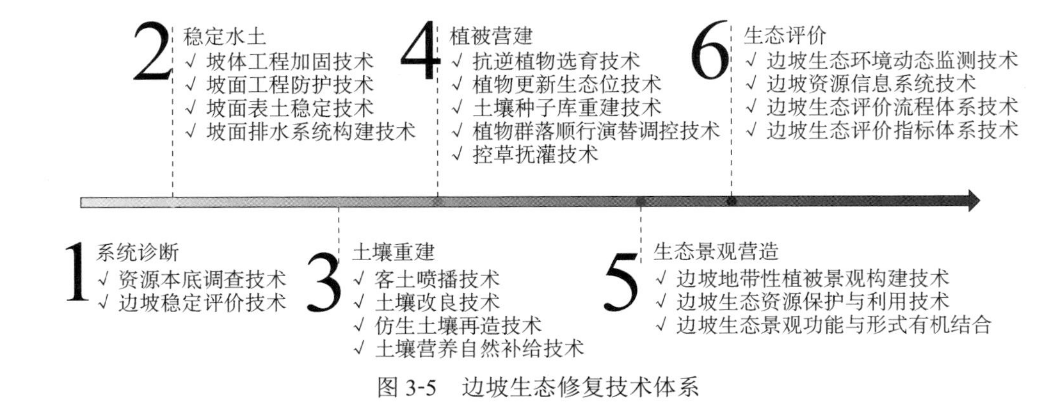

图 3-5 边坡生态修复技术体系

3.2.2.1　无土混合纤维植被复绿技术

无土混合纤维植被复绿技术是一种采用以天然木材为原料制成的高质量纸纤维和木纤维加水混合、将发生化学与热膨胀反应后形成的浆体作为混合种子（包括乔、灌、草等的种子）、营养基质（能长效缓释有机肥料、泥炭、复合肥等的基质）、土壤改良材料（如保水剂、黏合剂、土壤改良剂、微生物生长素等）的载体，搅拌混合制成黏稠的浆体状混合物，通过喷播设备均匀喷附到作业面上，形成交织连接的"植生营养毯"，快速实现坡面防护和植物建植的坡面复绿技术。

喷播初期，"植生营养毯"既可防止风、雨对坡面的侵蚀，又具有优良的保水、保温性能，可大大提高种子发芽率和植被覆盖率。该技术工艺简单、节水环保，可快速实现目标区域的生态恢复与绿化（专利号：ZL2017106101989 一种植被复绿无土混合纤维喷播辅助材料、喷播材料及植被复绿施工方法）。

无土混合纤维植被复绿技术与传统的种草、铺草皮工艺相比有以下优点：

（1）对坡面平整度没有严格要求，不必覆盖或更换表土，适用范围广。

（2）工艺简单、易操作，效率高，施工工期短。

（3）种子成活率高。"植生营养毯"能够有效防止雨水冲刷，避免种子流失，且能保水、保温，提高种子发芽率。

（4）养护工作量小。纤维产品优良的吸水性、保水性和持久性，事先混合肥料，能为草种提供充足的水分和营养，并护送草种长大成林，配合使用抗逆性强的植物种子，能克服贫瘠和坚硬多石的土壤条件，使维护坡体植被的工作量大大减少。

（5）安全可靠，可持续环境保护。主要材料均为天然材料，对动物和微生物都是安全可靠的；纤维产品可完全降解，既增加了土壤肥力，也能改善土壤理化结构，更适合植物生长。

3.2.2.2　蜂巢格室柔性护坡技术

蜂巢格室是一种新型的高强度土工合成材料，是采用高分子纳米复合材料经超声波针式焊接而成的一种三维立体网状的格室结构。该结构伸缩性好，运输时可折叠，施工时可张拉呈蜂窝状的立体网格，网格内填入泥土、碎石、混凝土等物料，构成具有强大侧向限制力和大刚度的结构体。根据现场情况，蜂巢格室可平铺或退台铺装，能满足多种复杂的项目需求（专利号：ZL201520620854X，ZL201620220650.1）。

蜂巢格室的性能技术指标：蜂巢格室材料具有良好的力学性能。蜂巢格室材料的耐热、抗老化性能很高，经热氧化试验后，在 70℃下拉伸屈服强度下降至 70%，使用寿命可达 50 年以上。蜂巢格室材料还具有稳定的抗化学腐蚀性能，耐酸碱能力很强，适合于不同填筑材料。

蜂巢格室柔性护坡技术的特点：

（1）柔性结构，可适应地形的轻微起伏，最大限度地保留自然形态的地形，工程痕迹少。

（2）节能环保，可使用低质或本地材料填筑，减少混凝土地使用。

（3）生态美观，填充合适的填料，可种植不同的植物，外形美观，景观性好。

（4）不需要特别的机械设备，用工量少、施工工艺简单，推进工程进度。

（5）柔性结构可适应一定程度的不均匀沉降，安全性好。

（6）蜂巢格室的高度、长度、宽度、焊炬都可以根据项目的实际需要随时调整。

3.2.2.3　环保椰纤维植被毯护坡技术

环保椰纤维植被毯护坡技术（专利号：ZL201020632216.7），采用纯天然椰子纤维材料，通过冲压针刺加工做成可供植物生长的基带，基带呈长方体网孔状结构，椰纤维植被毯的厚度为 8～10 mm，纤维直径为 0.3～0.8 mm，粗细适中，纤维长度合理，为 10～20 cm，可以根据需要添加肥料、营养剂、保水剂、各类草种等（见图 3-6）。这样的材质和结构既可以为植物生长提供良好的条件，又能达到护坡绿化的效果。

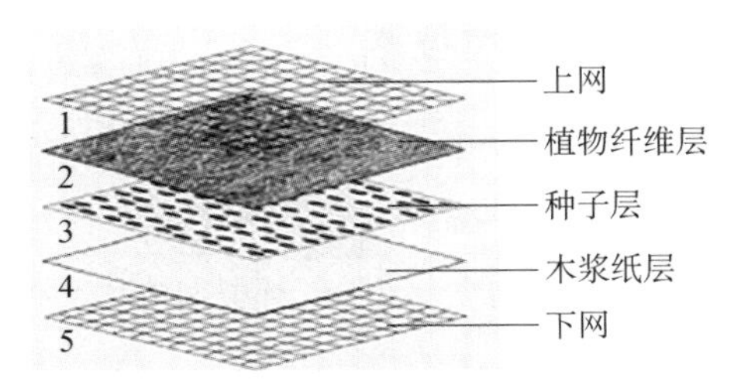

图 3-6　生态植被毯技术

环保椰纤维植被毯可以应用到河道、水库、公路、弃渣、堆土、矿山、市政、盐碱地等开发建设形成的坡面防护和生态植被工程中。在工程应用中，利用生态植被毯技术进行坡面植被恢复时可以单独使用，同时因为生态植被毯可以成为其他坡面植被恢复技术措施良好的覆盖材料，所以也可与其他技术措施结合使用。此技术操作简单、投资低且在工程后期养护方便、见效快，在河湖护岸、公路（铁路）下边坡、尾矿库坝面、排土场侧坡等领域已取得了显著成效。

3.2.2.4　边坡绿化客土喷播技术

客土喷播技术是将改良过的客土及种子、土壤改良剂、肥料、纤维、有机质、水等材料混合搅拌均匀后制成喷播基材，通过喷播机械将喷播基材喷附到边坡表面，形成具有一定厚度、耐雨水、耐风侵蚀、牢固透气、与自然表土类似或更优的多孔稳定土壤结构，使植物的种子可以更好地生根、发芽、生长，最终达到恢复植被、改善景观、保护环境的目的。

根据所采用机械设备的不同，客土喷播技术可分为干喷法、湿喷法和液压喷播。根据基材配比、厚度的不同，客土喷播技术又可分为厚层基材边坡绿化技术、植被混凝土护坡绿化技术、团粒客土喷播技术等，分别适用于不同质地、坡度的坡面。

以厚层基材边坡绿化技术为例，其基本原理是清理坡面并在坡面铺设复合材料网加筋后，将有机质、缓释肥、复合肥、黏合剂、保水剂等配成专用轻型基质，与植物壤土、植被种子按比例混合均匀，之后用空压机、客土湿喷机等设备将其按照设计厚度均匀喷射到需要防护的工程坡面上，这样就可以重建和恢复植物根系生长发育所需的基础层，达到稳固山体及永久绿化的目的。

厚层基材边坡绿化技术的功能通过锚杆、复合材料网、植物根系的力学加固和坡面植物的水文效应实现。

厚层基材边坡绿化技术施工流程：清坡、打锚杆挂网、基质配置、基质喷附、盖遮阳网、浇水养护。

表 3-3 显示了（基质配置中的）植被配置。

表 3-3 （基质配置中的）植被配置

分类	名称	植物配置/（g/m²）	备注
灌木	紫穗槐	6	
	沙棘	5	
	柠条	6	
	脱壳胡枝子	5	
乔木	刺槐	4	
	白榆	7	
耐旱野花	边坡景观野花组合	1	
草本	紫花苜蓿	4	
	冰草	2	
	披碱草	4	
	草木樨	3	
	早熟禾	1	
合计		48	

厚层基材边坡绿化技术主要特点：

（1）适合地质条件恶劣的岩石坡面。厚层基材边坡绿化技术采用镀锌铁丝网（土工合成网）和锚杆锚固，抗拉力强度大，可有效地防止崩塌和碎石掉落。

（2）抗侵蚀性和抗水土流失的能力强。黏合剂的胶结作用使喷混的基材与坡面黏结，并使基材硬化，从而避免雨水等对种植基质造成冲刷侵蚀。喷混基材本身就有较强的抗侵蚀性，而在灌草植被与基材的共同作用下，基材的抗侵蚀性会进一步增强。

（3）能保障植被快速成型，具有生态稳定性。以植物壤土为主的喷植基材，其厚度在 10 cm 左右，能满足植物安全生长的极限需求。

3.2.2.5 复合隔离层结构边坡生态修复技术

这种技术是采用多层技术工艺集成的一种针对酸性废石场边坡的生态修复方法。在坡面上设置复合隔离层、生态棒、土工格栅网、基材层和种子层，通过种子层和复合隔离层、生态棒、土工格栅网、基材层的相互作用，改善植物生长条件，为植物生长提供充足的水分和养分。这种修复技术能较好地在无植物生长条件的酸性废石场边坡上实现生态修复、营造生态景观，保证边坡的结构稳定，从而达到绿化美化、保持水土、抑制径流的作用；因为这种技术的施工工艺简单、易实施、效率高，所以适合大面积应用；因为利用了特殊的防水材料，所以能起到防渗、隔离、吸附、交换的效果；植物营养生长层可以为植物生长提供持久的养分支持，因此可以达到治理目标。这种修复技术的辅助技术包括喷播和植物种类筛选等。

3.2.2.6　团粒客土喷播绿化技术

团粒客土喷播绿化的最大特点就是基于土壤结构制造出最佳结构的“人工土壤”，这种“人工土壤”具有农业、绿化领域所需要的最理想的团粒结构，既有保水性，又有透水透气性，适合植物生长，而且喷附的“人工土壤”不易被风吹走或被雨水冲掉，能防止水土流失。

团粒客土喷播绿化技术的主要优点：

（1）不受地形、地势、坡度和地表的限制，也可应用于城市园林绿化、屋顶绿化、风景区的快速绿化等领域。

（2）因为是喷播绿化，所以不会破坏荒山荒地的地表。

（3）快速绿化，一般 2～3 a 内就可初步形成期望的植物群落。

3.2.2.7　植被混凝土边坡绿化技术

植被混凝土边坡绿化技术，采用特定混凝土配方和混合植绿种子配方，对岩石边坡进行防护和绿化，其核心是植被混凝土配方。

植被混凝土边坡绿化技术将水泥、生殖土、混凝土绿化添加剂、腐殖质等与植绿种子混合均匀后喷射到工程坡面上，从而形成一层厚约 10 cm 的人工基质，这种基质具有一定的强度，不易龟裂、抗冲刷，能稳定地附着在坡面上，有利于植物的正常生长。这种技术特别适用于劣质的土边坡、岩石边坡及混凝土边坡，能够达到边坡浅层的防护、坡面营养基质的修复、植被生长环境的营造等多重功效。

植被混凝土需要根据边坡地理位置、边坡角度、岩石性质、绿化要求等来确定水泥、石壤土、腐殖质、保水剂、长效肥、混凝土绿化添加剂、混合植绿种子和水的组成比例。混凝土绿化添加剂的应用不但能增加护坡强度和抗冲刷能力，而且能使植被混凝土层不产生龟裂，改变其化学特性，营造较好的植物生长环境。

3.2.2.8 喷播技术辅助措施——生态棒

生态棒由不可降解的土工合成材料制成，通常直径 10～15 cm、长度 400 cm（根据坡面及项目情况可单独定做），生态棒体内填充植物生长基质材料（以多孔性材料为主，富含有机质、无机矿物质、保水剂等）。在挂网喷播过程中，部分整体岩石坡面可以用生态棒进行加固防护。

生态棒辅助的防护技术主要依靠生态棒特有的柔性特点，在坡面上按一定距离横向布置，形成一定的微地形和起到分割坡面、稳定后期喷播基材的作用。同时，由于生态棒体内的多孔性基质材料具有很好的保水、透气性能，有利于边坡植物生长发育。

3.2.2.9 生态植生袋护坡技术

植生袋（植生种子袋）坡面植被恢复技术，采用内附种子层的土工材料袋的方式，在袋内装入植物生长的土壤材料，以不同方式码放在坡面或坡脚，起到拦挡防护、防止土壤侵蚀、恢复植被的作用。这种恢复技术对坡面质地没有限制性的要求，尤其适用于坡度缓长的坡面，是一种见效快且效果稳定的坡面植被恢复技术。图 3-7 为植生袋坡面植被恢复技术设计。

植生袋坡面植被恢复技术的应用范围：

（1）适用于矿区开采坡面及废弃土石堆积坡面，并常用于各类陡直坡脚的挡墙，或结合框格梁、主动防护网、镀锌铁丝网、格栅网等工艺进行植被恢复。

（2）对于坡长于大 10 m、较陡的坡面应进行分级处理。

（3）适用于立地条件差、土壤贫瘠的坡面。

（4）适用于需要快速绿化以防止水土流失的坡面。

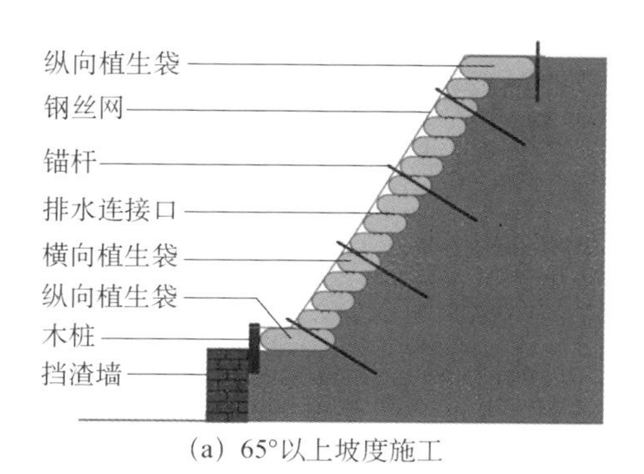

（a）65°以上坡度施工

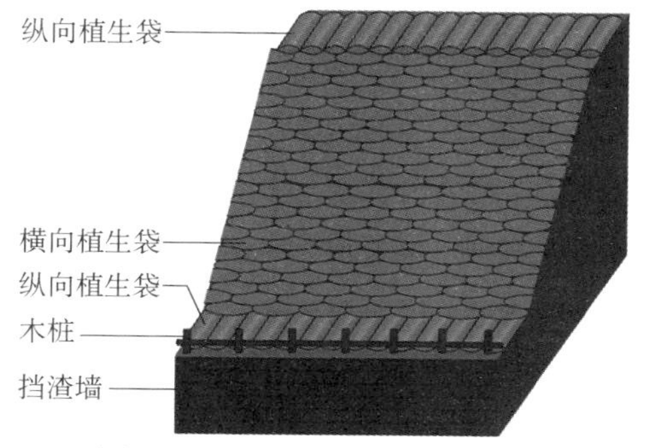

（b）60°以内边坡植生袋施工斜侧面

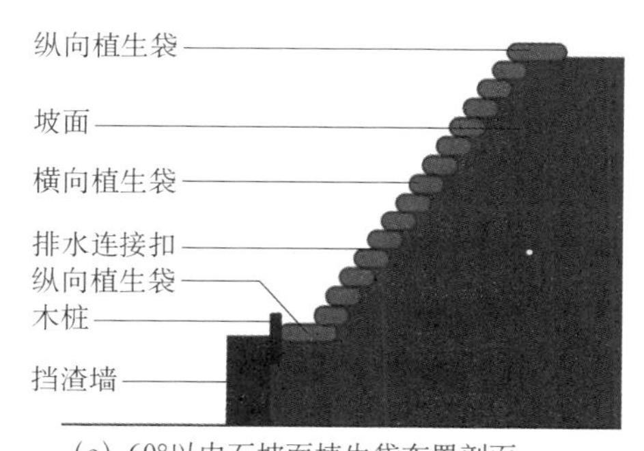

（c）60°以内石坡面植生袋布置剖面

图 3-7　植生袋坡面植被恢复技术设计

注：当坡度＞65° 时建议使用生态袋。

3.2.2.10　生态土工袋柔性护坡技术

生态土工袋柔性护坡技术中的生态袋，通常以聚丙烯（Polypropylene，PP）或聚酯纤维（Polyester Fibers，PET）为原材料，制成双面熨烫的针刺无纺布袋子。由于对抗紫外生态袋的厚度、单位质量、物理力学性能、外形、纤维类型、受力方式、方向、几何尺寸和透水性能及满足植物生长的等效孔径等指标进行了严格的筛选，生态袋具有抗紫外、抗老化、无毒、不助燃、裂口不延伸的特点，并永不降解，能百分之百回收，真正实现零污染。生态袋主要适用于建造柔性生态边坡，是矿山和高速公路边坡生态修复、河岸护坡、内河整治中的重要施工材料之一。

生态袋的材料及特点：

（1）生态袋具有目标性透水不透土的过滤功能，既能防止土壤和营养成分混合物流失，又能使水分自由透过土壤，保持和补充植物生长所需的水分。

（2）生态袋可使植物穿过袋体自由生长，植物根系进入工程基础土壤中，可以稳固袋体与主体，时间越长越牢固，能稳定边坡，降低维护费用。

（3）节约资源，可就地取土不需要其他建筑材料。

（4）施工简便，可就地装填土料、逐个铺设码放，除特殊边坡外不需要大型施工机械。

（5）柔性生态袋对各类地形适应性较好，且结构稳定，抗水流冲刷性能好，其表面可以植草灌花，能增加景观美化效果，柔性生态袋运用于岩石边坡上可使施工更方便安全，效果显著。

3.2.3 矿山边坡生态修复的养护管理

矿山边坡生态修复的养护管理主要从节水灌溉、肥力管控、越冬防寒、病虫害防治等方面进行严格管护，保障植物种植以后生长良好，起到绿化、美化的作用。

（1）节水灌溉。边坡施工后采用无纺布覆盖，待苗出齐后撤掉，造林树盘可用秸秆等材料覆盖。边坡植被建植后，根据植物需水特征、土壤含水量及天气情况，按需按量早晚进行灌溉，并结合浇水进行病虫害防治和追肥，使边坡植被顺利进入生长的旺盛期。苗木正常生长约 3 个月后，逐渐减少浇水次数，视情况进行定期养护，使其进入自然生长状态。乔木宜采用滴灌或小管出流的方式，灌木及草本地被宜采用微喷灌方式。图 3-8 为智能微灌系统，图 3-9 为植被养护喷灌系统布置。

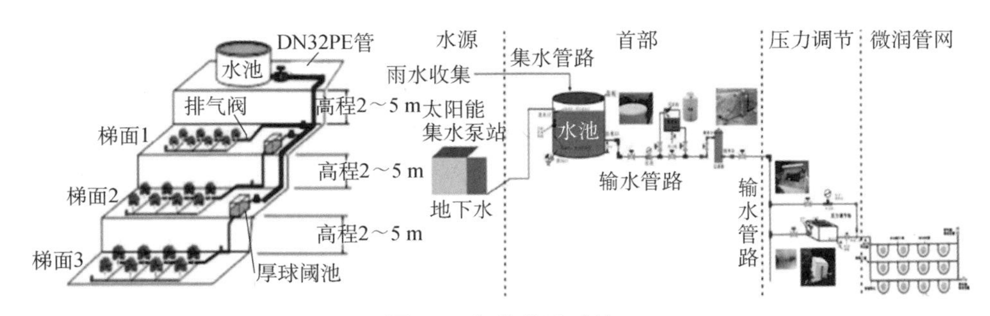

图 3-8　智能微灌系统

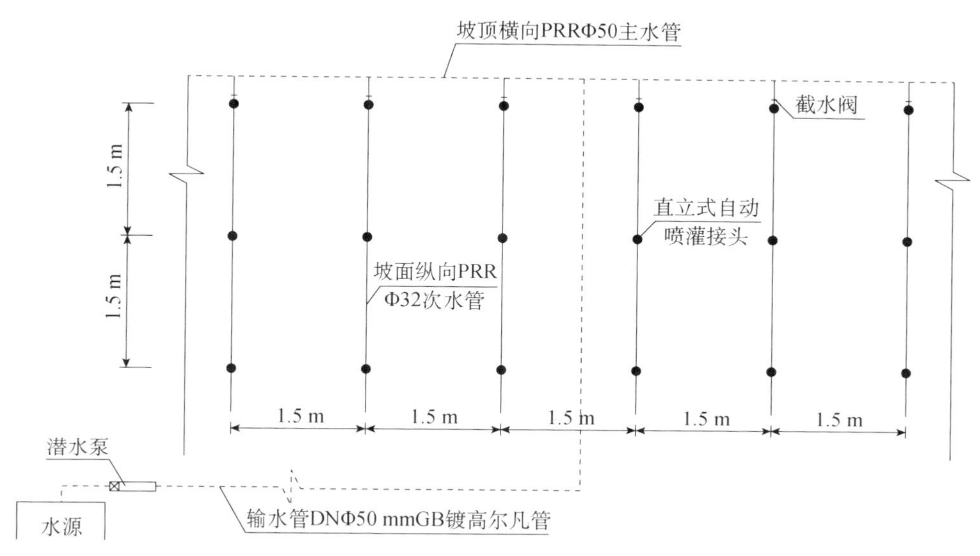

图 3-9　植被养护喷灌系统布置

注：GB 管是公用管；PRR 是一种聚合材料管材。

（2）肥力管控。边坡植被建植时，依土壤肥力测试结果，合理施用基肥（堆沤腐熟的有机肥）。边坡植被生长期间，根据植株营养诊断和土壤肥力测试等结果，合理追肥，追肥通常施用复合肥。在环境因素不利时，应少施氮肥，增施磷肥、钾肥，提高植物的抗逆性。

（3）越冬防寒。植物入冬停止生长前要浇足“封冻水”，同时可覆盖草帘或无纺布，减少坡面水分散失；植物春季萌芽前浇适量的“返青水”，提高植物返青率。

（4）病虫害防治。坚持“以防为主、综合防治”的方针，坚持以人工防治、生物防治为主，以化学防治为辅，只在必要时选用低毒、高效、低残留的化学防治措施，以确保安全，防止污染；严格检疫制度，严禁使用带病虫害的苗木，防止病虫害蔓延；加强营林措施，促进林木生长，提高林木抗病虫害的能力；保护害虫的天敌，保持生态平衡。

3.2.4　矿山边坡生态修复的评价

矿山生态环境保护，指通过必要的预防和保护措施，避免或减轻矿产资源勘探和采选过程造成生态破坏和环境污染。而矿山生态环境恢复，指针对矿产资源勘探和采选过程中的生态破坏和环境污染，依靠生态系统的自我调节能力与自组织能力，通过人工促进措施，逐步恢复、重建矿山的生态功能。

3.2.4.1 矿山生态环境保护与恢复治理评价指标体系的构建原则

矿山的挖掘开采和运输储存存在影响范围广、要素多、联系复杂等因素，并且在《矿山生态环境保护与恢复治理方案（规划）编制规范（试行）》（HJ 652—2013）指导下的生态环境保护与恢复治理工作成效尚未形成系统的评价，矿山生态环境保护与恢复治理评价指标体系的构建尚无先例，因此指标的选取与量化具有模糊性和不确定性。根据相关文献可知，利用层次分析法原理与模型，从生态环境保护与恢复治理方面，可以构建矿区生态环境保护与恢复治理评价指标体系，确定评价指标的权重。

构建矿山生态环境保护与恢复治理评价指标体系的原则包括以下几点：

（1）科学性原则。全面客观地反映矿产资源开发对环境要素及其所构成的生态系统可能造成的影响和恢复治理后的矿区生态环境达标指标，各项指标含义明确，计算方法规范，功能相对独立。

（2）整体性原则。要选取各个子系统中特有的指标和能够反映整个生态系统状况的指标。

（3）可比性原则。一是区域可比，指标体系能综合反映全国或同一区域矿区生态环境质量特征。二是不同矿山类型可比，各指标能够反映不同矿种、不同开采方式生态环境评价的共性。三是指标之间可比，通过归一化处理，使不同量级的评价指标处于规定数值范围内。

（4）代表性原则。指标体系中的指标要有代表性，不宜过多，也不宜过少。指标过多，会增加指标体系结构的复杂程度和评价难度，掩盖了关键要素；指标过少，使指标体系不完整，难以全面反映整个系统的客观状况。

（5）可操作性原则。评价指标要具有可测性和可比较性，要尽量简化，减少对评价结果影响甚微的指标数量；设计的指标数据要方便采集、容易整理；评价方法应选择简单、实用、可行的方法。

3.2.4.2 对矿山边坡生态防护的行业评价

边坡生态防护达到了护坡和防治土壤流失，恢复和改善生态，美化景观等目的，因此应该成为生态修复行业努力追求的新趋势。

（1）在设计和施工时就应该先考虑上述目的，进行一体化设计，比现行现考虑安全，还可以节约施工时间和成本。

（2）随着施工工艺和机械设备的发展，边坡生态防护方法已经能够处理从缓坡到 90°陡坡、从土坡到岩石边坡、从水上边坡到水岸边坡的几乎所有类型的边坡，专业领域趋于成熟，其取得的经验和知识可以应用到墙面绿化和坡屋顶绿化中。

（3）大量研究论文、专利的发表显示，边坡生态防护工程取得了不错的效果，但也存在行业（农业、林业、土木、水利、矿山）分割、研究低水平重复等问题。各行业各自为政，新的名词和术语满天飞，远未做到统一。研究者知识面狭窄，只见树木，不见森林。

（4）边坡生态防护工程涉及岩土力学、工程地质、施工技术（尤其是喷锚技术）、施工机械、建筑材料、岩土检测，以及生态修复、植物栽培、土壤改良、水土保持、园林设计等许多领域知识，全面的人才培养还很不到位，特别是对硕士、博士生还没有做到学科交叉培养。

（5）虽然各地、各行业相继建立了一些相关标准和技术规范，但需要在将来的工作中不断完善。一些生态护坡结构的设计方法，还不够完善，甚至缺少标准和规范，如生态袋生态护坡、格网石笼生态护坡沿用刚性结构的设计方法，使误差很大。

（6）方案比较时不能一味地使用传统经济比较的方法，应该用生态经济学理论综合考察边坡防护、生态恢复、环境保护等方面的效益，建立多层次多目标的评价体系，引入模糊评判方法。

（7）边坡生态修复过程的研究国内还很少，这方面的研究能解决边坡绿化持久性不够的问题。

（8）一些边坡还可能有娱乐（如攀岩、栈道、阶梯）、景观（如假山）的功能，这些功能与生态防护的一体化设计，更具有挑战性，往往需要多专业协作完成。

（9）边坡生态防护为环境岩土工程学科的发展打下了良好的基础，是环境岩土工程的主要研究方向之一。

3.2.5 矿区生态经济发展的前景与展望

中共中央连续 13 年聚焦“三农”（农业、农村和农民）问题：支持鼓励企业化；矿山企业体现社会责任，美化环境，员工幸福；生态旅游兴起对产业的变革；“一带一路”带动区域产业经济发展。

要坚持矿山企业生态安全与人文和谐的可持续性，“谁污染，谁治理”“谁破坏，谁恢复”模式将过渡到“谁污染、谁破坏、谁付费”，由第三方专业化单位具体实施，以保证治理效果。同时建立健全矿产资源生态环境恢复治理的企业责任机制，努力做到“边开发边治理”，将生态环境的影响和破坏控制在最小范围。

对矿区生态经济发展的思考包括以下两点：

（1）生态修复科技先行。重点实施能保障土地资源的复垦技术。保障“18 亿亩红线”，对于矿产与粮食复合主产区，应重点研发减少耕地破坏的绿色开采技术、补充耕地的复垦技术、边采边复的动态预复垦技术、基本农田复垦技术、无污染充填复垦技术等，使得在矿产资源开采的同时，又能保护土地资源和粮食安全。另外，任何形式的矿山废弃地生态修复都必须把矿山安全和控制水土流失放在第一位。

（2）生态经济产业发展必须因地制宜。依照当地自然环境、人文、经济结构等来考虑生态经济产业的发展；资金来源、配套技术、市场营销、风险评估等应具备长久性。

3.3 生物有机材料在生态修复中的应用

西北地区是我国的生态环境脆弱区，加强生态环境建设是落实生态文明战略的重要环节。贺兰山是我国西北地区最后一道生态屏障，高耸的地形和良好的植被对宁夏平原起着至关重要的保护作用，对沙漠的阻隔作用，有效保障了宁夏及河套地区农业的稳产和生态环境的安全。加强贺兰山生态修复，维护和提升贺兰山生态系统功能，对保障宁夏平原乃至我国西北地区生态安全及社会经济可持续发展，促进生态文明建设，实现宁夏生态立区战略，有着十分重要的意义。

2019 年 4 月 16 日，宁夏回族自治区党委书记在调研督办宁夏贺兰山国家级自然保护区生态环境综合整治及沙湖水质治理情况时指出，要深入贯彻落实习近平生态文明思想，坚决扛起保护生态环境的责任，要态度坚决、持之以恒整治贺兰山生态破坏和沙湖水污染问题。要把贺兰山作为一个整体来保护，无论是自然保护区内还是保护区外，都决不允许以露天采矿的方式野蛮破坏山体，破坏贺兰山的生态环境，就是在毁坏宁夏人民群众赖以生存的家园，在这个问题上没有讨价还价的余地，必须态度坚决，敢于碰硬；要坚持山水林田湖草是一个生命共同体，持续用力、锲而不舍，加快生态破坏区域的系统化治理、一体化修复，坚决打赢贺兰山保卫战，为子孙后代留下绿水青山。

3.3.1　保护贺兰山的重要性

“宁夏川，两头尖，东靠黄河西靠贺兰山……”

如果说黄河像母亲一样滋润着宁夏的土地，让人们在这里耕作、劳动、繁衍生息，那贺兰山就如同父亲般用自己巍峨的身躯化作一道屏障，抵挡住沙漠的侵袭，默默地守护着这里。

贺兰山是东北西南走向的山脉，横跨宁夏和内蒙古，南北长约 220 km，东西宽 20～40 km，是我国一条重要的自然地理分界线，是我国西北干旱半干旱区两个自然地区的界线，也是宁夏平原的主要屏障。

贺兰山地区垂直气候带较为明显，东侧和西侧的自然景观及农业生产有很大的差异。贺兰山西部和北部有著名的腾格里沙漠和乌兰布和沙漠，这里气候干燥，夏季炎热，冬季严寒，雨雪稀少，风大沙多，蒸发强烈；贺兰山东部是宁夏平原，无霜期长，热量资源丰富，日照充足，年日较差大。干旱少雨、缺林少绿，使得贺兰山地区的生态环境比较脆弱，因此贺兰山区成为重点自然保护区。1988 年 5 月，国务院批准宁夏贺兰山自然保护区晋升为国家级自然保护区。

3.3.2　贺兰山生态修复的问题

贺兰山的煤炭资源丰富，至今为止累计开采 5 亿 t。20 世纪 50 年代初，贺兰山北部汝箕沟、石炭井等矿区被列入“一五”期间十大煤炭基地之一，石嘴山市成为宁夏第一个国家投资兴建的煤炭工业基地。

20世纪50年代末，国家投资先后建成了石炭井一矿、石炭井二矿、石炭井三矿、石炭井四矿、大峰露天煤矿、白芨沟矿等。到80年代末，石炭井一矿、石炭井三矿、石炭井四矿等都因资源枯竭或者深度开采难度增加、效益下滑而关闭。贺兰山综合整治办公室主任曾说："最开始的煤矿都是国企，一边开采煤炭一边回填矿坑，都是有秩序有规划地开采。之后，随着政策的改变，私人开采的增加，使贺兰山变得千疮百孔。"2000年后，一方面露天刨挖为主，大型刨挖机械设备越来越先进，开采过度；另一方面私营企业为追求效益，无序开采。就这样，造成了贺兰山千疮百孔的局面。

目前在贺兰山生态修复中常见的影响植被恢复的问题有：①土壤或客土持水力差，沙地、砂石地及立地条件极差的地区，水的渗漏问题严重，且易造成水土流失；②水分蒸发速度快，养护时需要大量消耗水源；③土壤基质生产力低、熟化慢等。在推进生态文明建设的大前提下，解决这些问题成为我们不可推卸的责任。为了解决这些问题，尝试利用各种新型技术，尤其是加强使用生物有机材料的方法进行治理和修复的研究，对于进一步推进贺兰山生态修复工作具有至关重要的意义。

3.3.3 科技生态修复贺兰山

3.3.3.1 利用生物有机材料进行贺兰山生态修复的研究

（1）复合生物有机阻水材料。利用复合生物有机阻水材料进行生态修复是最近提出的一种新型方法，这种阻水材料可以通过保持水分含量间接修复矿山生态，具有很多优势。

1）复合生物有机阻水材料用生物功能菌搭配腐殖酸、膨润土制成的黑色粉末状材料，铺施在植物根系下方，这种材料遇水后会形成柔软的、具有黏性的物质，可以有效阻止水的渗漏。

2）这种阻水材料具有柔性、弹性及"自我修复"的功能。植物根系可以自由穿过阻水材料向下生长，穿破的阻水材料可"自我修复"创口，迅速闭合而保持不漏水。

3）这种阻水材料可有效替代地膜及刚性阻水材料，在无机械破坏的前提下，有效阻止水渗漏的功能可长效持续10～20 a。

4）这种阻水材料还可以起到一定的隔离作用，如隔离污染源、阻止盐碱水的上返等。

这种材料适用范围很广，可运用于荒漠化、土壤贫瘠、干旱、缺水或水流失与渗漏严重的地区甚至是西北沙漠、沙地也可使用，在重要地区污染源和废弃矿区中以及在进行湿地保护、盐碱地造林及生态修复、恢复时也可以发挥一定的作用。

（2）复合生物有机保水抗蒸发材料。用生物功能菌结合草炭土等原料制成的复合生物有机保水抗蒸发材料与回填土掺拌后进行回填，由于生物功能菌可以对抗、减缓各种气候条件下水的蒸发力，形成一个有效持水、保水、抗蒸发的局部体系，土壤吸持水分的能力增加至原土壤的 2 倍以上，抗蒸发能力提高至原土壤的 1～10 倍或 10 倍以上，且这种材料与土壤“同湿同干”，能达到“少浇水多活树”、用水有效率提高的目的。

用过复合生物有机保水抗蒸发材料的土壤会得到优化和改良，其熟化速度增加，不易板结，并具有有益微生物菌群的优势。这种土壤能创造出优于原土壤的植物再生条件。

复合生物有机保水抗蒸发材料的有效性较长，使用一次效果可保持三年。这种复合材料的适用范围也很广，在比较严峻的环境条件下也可以使用，如荒漠化地区、干旱地区、废弃矿区、西北沙漠沙地，以及在进行湿地保护及盐碱地造林时使用等。在试验中，土壤中掺拌不同比例的保水材料后吸水量会加大。试验数据表明，掺拌比例越大，土壤吸水量越大，反之则越小，证明保水材料起到了增加土壤吸水量的作用。

（3）生态修复复合生物调理材料。复合生物调理材料运用国内外最新生物技术，由碳氢基培育的生物菌群构成。可有效吸收空气和土壤中的碳、氢元素，供植物生长所用，并使有益微生物菌群占绝对主导地位，产生阳性营养转化动力，创造植物根、茎、叶生长所需的基础条件；在微生物的代谢过程中，氢气与二氧化碳的交换、分泌的有机酸等物质，可促进土壤微量元素的释放、螯合，促进土壤团粒形成，使土壤不易板结，从而优化土壤结构、加速土壤熟化。

这种生物调理材料的制作可根据土壤基质条件“量身定做”，因此可作为矿区边坡植被恢复时土壤基质混配的有效成分之一，也是矿区地被恢复时加速土壤熟化的解决方案之一。其主要功效包括：

1）提高种子发芽率。

2）提高植物吸收土壤与空气中氮、碳的能力，促进植物生长。

3）平衡土壤菌群，加速熟化土壤，防止土壤板结，提高土壤透气性。

4）提高植物抗旱、抗涝及抗病虫害能力。

5）促进植物根系加快生长，提高成活率。

具有“量身定做”、施工便利、低成本、见效快等特点，可用于边坡土壤基质加速熟化、荒漠化土地植被恢复、生物模块集成、草原牧草恢复等领域，实现节水灌溉、解决缺水与种植矛盾的目标。

（4）阻水与保水抗蒸发材料在生态修复中的应用案例。

1）在沙漠、沙地上的应用：重点解决在不客土的前提下“少浇水、多活树”的问题。

2013 年 4 月，北京市怀柔区林业局在潮白河沙坑治理项目中，在原沙地上用原沙土配合阻水和保水材料种植旱柳与白榆，种植后与客土施工地同条件管理。苗木成活率达 90%以上，同条件优于同地客土造林成活率，且节约了客土的工程成本。2013 年 4 月，内蒙古乌兰察布市凉城县林业局在凉左公路砂石地造林现场，使用阻水与保水材料后，仅浇两遍水至秋末，节水、保水效果非常显著，苗木成活率可为 90%以上。

2）在废弃矿山生态修复上的应用：重点解决废弃矿渣客土造林渗漏水的问题。

在北京市林业局防沙治沙办公室的主持下，2013 年在北京市房山区周口店镇长流水村，进行废弃矿山渣坡的生态造林及恢复试验，人工浇水两次，秋末苗木的成活 90%以上。2016 年 4 月，在北京市门头沟区科学技术委员会的支持下，该区潭柘寺镇林工站使用阻水和保水材料及技术对该区潭王路废弃矿区（石渣坡）进行生态恢复（含裸根油松移栽），采取渣坡石碗客土造林技术，在石碗底部使用阻水材料，客土中掺拌保水抗蒸发材料，浇定耕一水后无漏水，到 2018 年时在无人工浇水的情况下，苗木成活率达 90%以上，苗木的生长量及长势良好。

3）在荒漠化土地上的应用：重点解决“少浇水、多活树”的问题。

2013 年 4 月，北京鹫峰主峰阳坡造林补种 200 余株，使用两种材料后，只浇定耕一水后至雨季无人工浇水，成活 95%以上。山西吉县北京林业大学试验基地山西红旗林场 2013 年饲料桑扦插保水试验。同条件下试验地成活率、长势远远优于对照地。北京市门头沟区潭柘寺镇林工站于 2013 年 4 月在石渣边坡底造林，使用材料种植构树，只浇定耕一水后至雨季，苗木成活率 90%以上。

除以上这些外，这些材料在其他地方的应用也很成功，如在针叶木裸根移栽中的应用，重点解决了针叶木裸根移栽成活率低的问题；在边坡治理中的应用，重点解决了土壤熟化慢、种子发芽率低及植物长势慢等问题。在贺兰山生态修复中，可以结合这些成功案例，在困难的生态条件下修复山体。

3.3.3.2　贺兰山矿区迹地近自然生态修复技术

近自然生态修复技术的主要理念是：①生态修复的主体是自然，而不是人；②生态修复不等同于植被恢复，更不等同于造林种草，至少包括微生物区系、动物区系以及植被系统；③人工生态恢复的标准，“不知道曾经是采矿迹地”。其利用的原理是地形地貌是长期内营力和外营力作用的结果，是最适合当地的“形态”。因此人工修复的地形地貌要保持“原貌”或“类原貌”。把破坏前的地形地貌作为设计目标模版；把周边的地形地貌作为设计目标模版。考虑降雨、土壤渗透性、坡向、坡度高程点、动物栖息习性等因素，达到地形地貌与周边协调融合；低、免养护，效果持久；生态效益高的目标。

一般近自然生态修复从以下几个方面进行过：

（1）地形的近自然重塑。近自然（师法自然）生态修复就是模拟自然，尤其是地形、地貌、水文、生态等，研究在水文作用下地形演变规律构建人与自然和谐，依靠自然、人工促进的生态修复过程。依据自然生态相关要素（地质、地貌、水文、气象等）设计出一种近似自然地理形态的地貌，达到依靠自然、人工促进的生态修复过程。

（2）土体的近自然构建。因地制宜，就地取材，避免人工客土；采排一体，防止自燃；矿渣的人工快速成土，渣、土调配；微生物、土壤动物、植物生境的构建。

（3）天然降水的有效利用。通过地形构建，最大限度蓄积天然降水；通过坡面水土保持措施，雨水就地蓄积；通过覆盖技术，减少蒸发；植被恢复的初期，辅以人工灌溉。

（4）矿区渣土培肥。通过菌根的筛选，促进土著微生物区系的建立和扩繁，对筛选出的菌进行人工扩繁，对矿区“生土”培肥增效。

（5）植被的近自然构建。利用乡土物种的促进，适地适树，适当引入外来物种，丰富当地生物多样性；满足野生保护动物的食源；以播种为主的种植方式；人工与天然复合植被的建立；也可以利用芽苗种植。

最终想要期望达到的是能够模拟保护区周边环境，为微生物、动物、植物提供栖息场所，地形地貌与周边的一致性，植物主要群落特征与周边相近，动物种类、丰富度接近周边，并具有相同的演替特征为目标。

上述两种新型热门的生态修复技术，可以利用“3S”技术，即遥感技术（Remote Sensing，RS）、地理信息系统（Geography Information Systems，GIS）、全球定位系统（Global Positioning Systems，GPS）的统称，对矿山进行检测，对地貌、植物量和野生动物等表现出的现有生态问题进行整理，也可以对以后可能产生的矿区危害进行预测，这对设计防护效果有很重要的意义；还可以利用微生物结皮，以起到促进土壤的养分含量，增加植被的存活率等作用。随着科技的进步、技术的更新，会有越来越多的安全、环保、绿色的技术应用于贺兰山的生态修复中。

随着经济社会发展，贺兰山国家级自然保护区内人类活动日渐繁杂，各类历史遗留的生态环境问题“久积沉疴”，特别是2003年扩界后新划入贺兰山自然保护区的贺兰山北部，由过去的井工开采改为露天开采，大量的矿产开发导致保护区内生态系统“碎片化”。随着近些年来国家和相关专家的重视，虽然开矿的问题得到了进一步的控制，但是开采后遗留的环境矛盾仍然很严重，我们需要进一步提高对贺兰山生态环境保护工作重要性的认识，强化责任担当，把贺兰山生态环境保护作为黄河流域生态保护的重要组成部分，与黄河流域生态保护工作一体推进，建立贺兰山生态环境保护长效机制，切实加大生态环境保护管理力度，巩固治理成果，真正做到让“母亲河”健康、让“父亲山”安宁。

3.4　森林生态系统的长期生态监测与生态修复

甘肃祁连山森林生态系统国家定位观测研究站（以下简称祁连山生态站），是我国设立的第一批森林生态系统定位研究站之一，至今已有超过40年的建站历史，站区属温带高寒半干旱山地森林草原气候。祁连山生态站从1978年至今连续长期监测，是关于祁连山生态保护连续监测研究时间最长的序列。

祁连山生态站围绕祁连山生态保护，在森林气象、土壤、水文、地球化学及森林经营等多个领域，对祁连山生态系统动态变化、水量平衡、养分循环、生物生产力等方面进行了比较全面、系统、深入地研究，研究成果填补了我国西北干旱、半干旱高山寒温性针叶林生态系统定位研究的空白，推动了我国生态保护和生态建设的进程。

3.4.1　祁连山生态站基本情况

图3-10展示了祁连山生态站综合观测试验场地与野外调查场景，图3-11展示了祁连山生态站早期部分试验场地与野外试验场景。

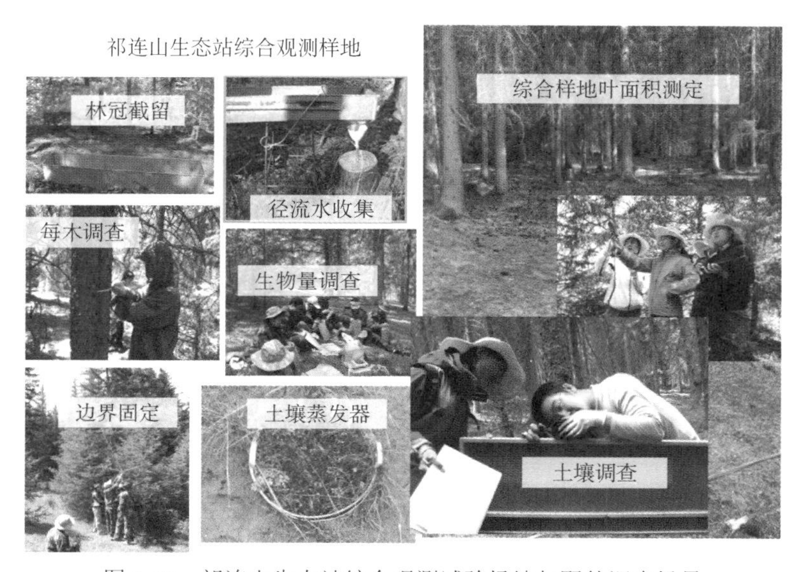

图3-10　祁连山生态站综合观测试验场地与野外调查场景

图 3-11　祁连山生态站早期部分试验场地与野外试验场景

3.4.2　祁连山生态站助力祁连山生态保护

与贺兰山类似，祁连山也经历过掠夺式开发的过程。这种掠夺式开发，在 20 世纪 60 年代到 70 年代初主要以森林砍伐、盗伐为主，其破坏的山地面积约 2.5 万 m^3/a，80 年代开始以矿山开采为主，90 年代以小水电开发为主。

20 世纪 90 年代到 21 世纪初，甘肃祁连山国家级自然保护区内仅肃南裕固族自治县就有大小矿山企业 532 家，而在张掖境内的干支流上也先后建成了 46 座水电站。

但是到了 2014 年，保护区的探采矿、小水电全面停止审批，矿山企业逐步退出，张掖市内自然保护区中的采矿厂从高峰时的 770 家减少到现在的 19 家，这 19 家虽然因为矿权未到期而没有退出，但也已全部停产。保护区约 1.87×10^6 hm^2 亩草场已有约 1.05×10^6 hm^2 实施了封禁，核心区、缓冲区内的农牧民从 1.8 万人减少到 2000 多人，大规模的掠夺式开发基本停止。图 3-12 展示了早期祁连山区开发与破坏情景。

□ 道路开辟破坏了地表盖层和植被、改变了冻土热状态，严重影响了道路两侧100～150 m范围内的多年冻土状态。

□ 探矿开矿加剧冻土带退缩，改变热状态，破坏冻土融化夹层，使活动层深度增加，年均低温逐年升高。导致冻土退化。

□ 过度放牧导致土壤结构破坏，引发水土流失。

图 3-12　早期祁连山区开发与破坏情景

2017 年，中央电视台连续三次曝光祁连山生态问题引起了习近平总书记的高度重视，他指出，保护好祁连山的生态环境，对保护国家生态安全、对推动甘肃和河西走廊可持续发展都具有十分重要的战略意义。祁连山生态开始“由乱到治”，进入了一个新的历史转折期。

祁连山生态站主动寻找和瞄准当前祁连山生态环境保护和生态环境建设中需急迫解决的重大问题和科技需求，为地方经济建设服务，系统而全方位地收集了与祁连山生态保护和恢复相关的各种数据和资料，为祁连山生态治理提供科技支撑。下面一系列的图片是祁连山生态站对祁连山生态监测得出的一系列数据，包括全球变化对祁连山产生的气温和降水影响，冬季积雪面积、河川径流量的变化等。图 3-13～图 3-19 依次为祁连山区近十几年来温度和降水的变化趋势，祁连山区不同尺度区域降水变化趋势，祁连山区积雪分布面积变化趋势，祁连山区不同尺度河川径流变化趋势，祁连山中部地区冻土和植被变化趋势。

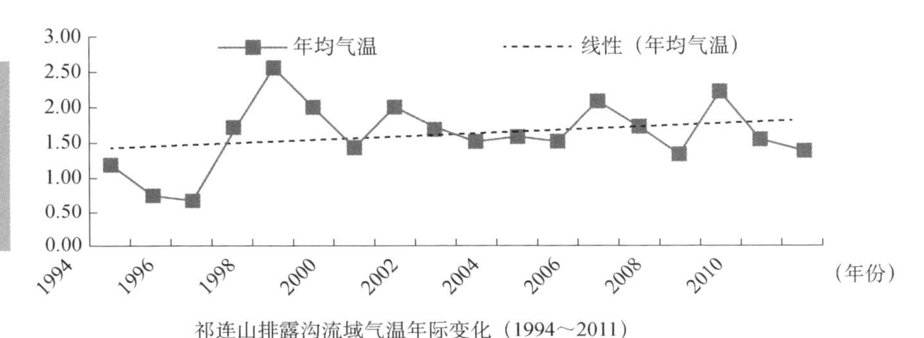

祁连山排露沟流域气温年际变化（1994～2011）

图 3-13　祁连山区近十几年来温度变化趋势

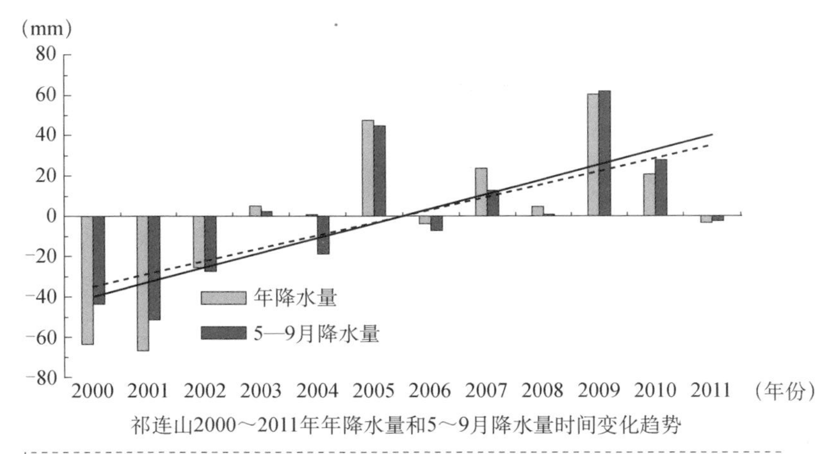

祁连山2000～2011年年降水量和5～9月降水量时间变化趋势

祁连山近12年的年降水量和5～9月的降水量均显著增加，每年的增长速率分别为7.26 mm和6.38 mm。

图 3-14　祁连山区近十几年来降水变化趋势

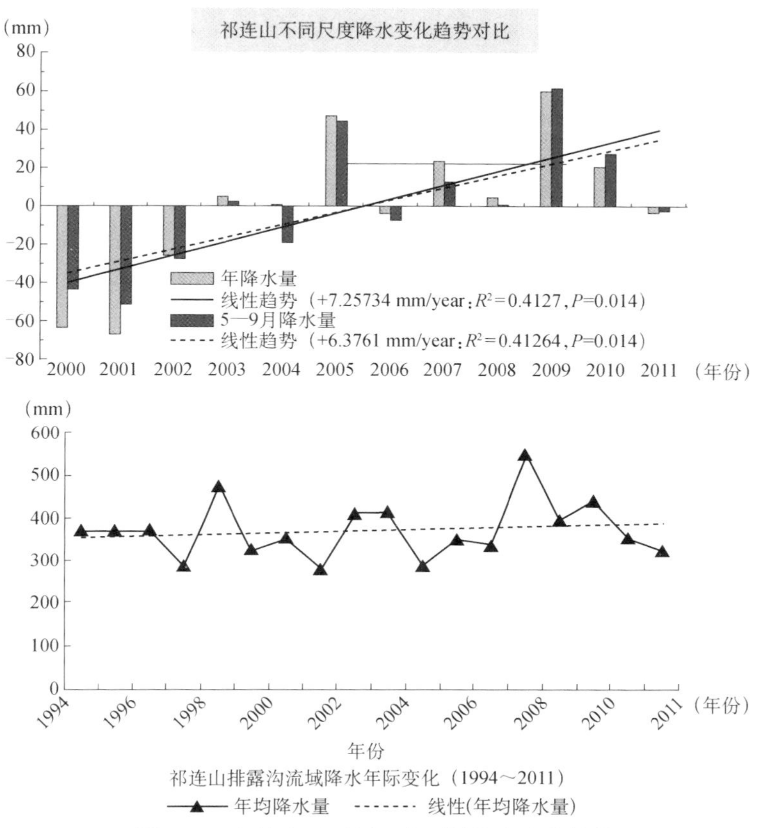

图 3-15　祁连山区不同尺度区域降水变化趋势

祁连山积雪分布面积减少消融加快

随着气温升高，祁连山高山季节性积雪持续时间缩短，春季大范围积雪提前融化，积雪量减少，积雪融化速度加快，由于积雪的提前融化，春旱加剧，融雪对河川径流的调节作用大大减小。近10年来，祁连山林区植被分布带积雪消失时间提前了7天。

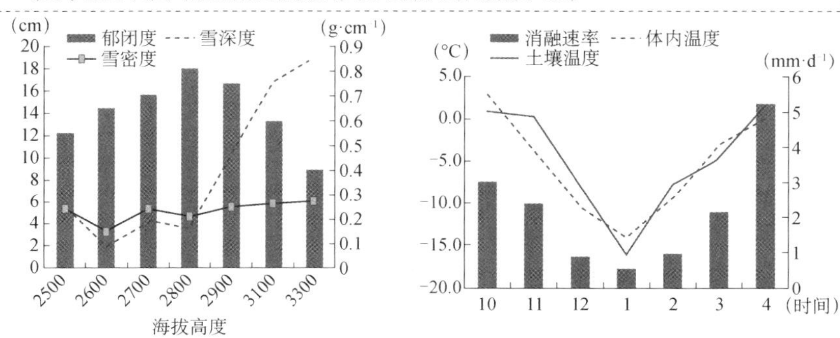

图 3-16　祁连山区积雪分布面积变化趋势

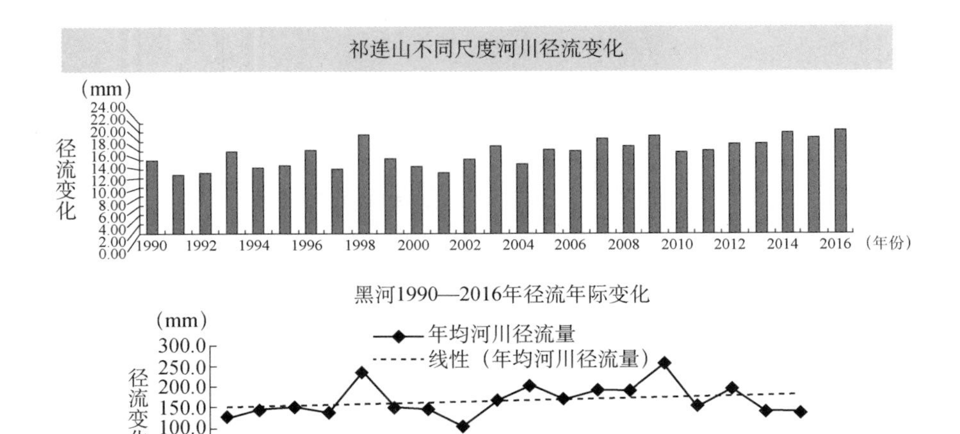

黑河1990—2016年径流年际变化

祁连山排露沟流域河川径流年际变化（1994—2012）

排露沟近18年径流深度平均为166.7 mm，径流高峰发生在1998年（径流深度236.1 mm）和2007年（径流深度256.6 mm）；径流低谷发生一次（2001年，径流深度106 mm）。流域河川径流呈波动性上升趋势，上升速度约为1.8 mm/a。

图 3-17　祁连山区不同尺度河川径流变化趋势

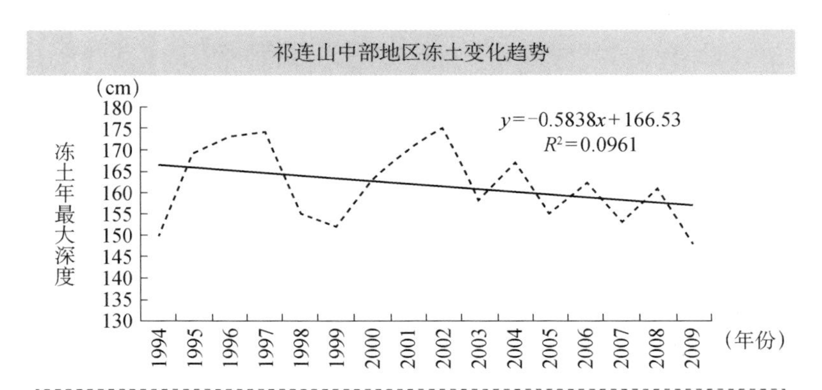

随着气温升高，冻土面积缩小，季节融化深度增加，近18年来排露沟流域青海云杉林分布区（2700 m）冻土最大深度减小了27 cm；祁连山排露沟流域多年冻土下界上升16 m（3062→3078 m）。

图 3-18　祁连山中部地区冻土变化趋势

祁连山2000～2011年植被变化趋势

➢ 祁连山地区近12年植被变化的总体趋势为改善。尽管在这12年中只有28.98%的区域发生了显著变化，且退化和改善趋势在许多区域共存，但是植被改善区域的面积百分比远高于植被退化的区域。

□ 在海拔分布上植被改善的区域主要集中在低海拔（2000～2400 m）和高海拔地区（3900～4500 m），然而退化的地区主要发生在的（2500～3100 m）海拔高度。

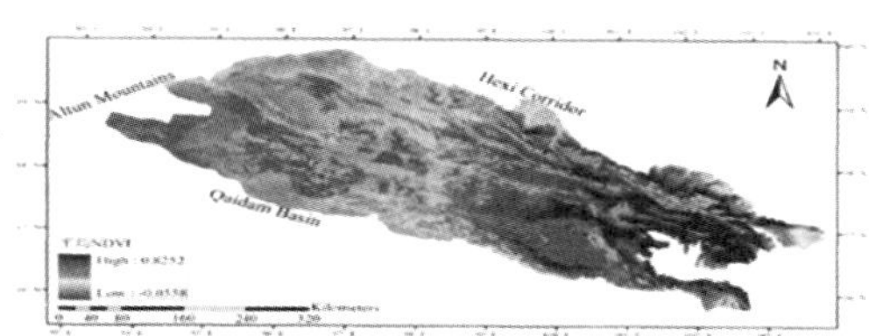

祁连山2000～2011年5～9月平均NDVI空间分布

□ 在坡向分布上植被改善的区域主要发生在山地阴坡，退化趋势主要发生在阳坡或半阳坡。

□ 2011～2016年，祁连山实施二期工程，加强森林保育。工程实施期间，保护区林、疏林地、灌木林地面积分别增加了4.8%、26.9%、54.3%，森林覆盖率增长了1.3%。

寺大隆盆沟口造林地(2018年)

寺大隆盆沟口造林地(2015年)

图 3-19　祁连山中部地区植被变化趋势

祁连山生态站成立至今，尤其是近年来，在祁连山生态保护和修复方面开展了大量监测与研究，取得了一系列有价值的科研成果。图 3-20 和表 3-4 分别展示了祁连山生态站近年来承担的部分科研项目和取得的科研成果。

科学研究成果

1.《祁连山涵养水源生态系统恢复技术集成及应用》，2015年获甘肃省科技进步一等奖；

2.《甘肃省森林生态系统服务功能价值评估技术研究》，2014年获甘肃省科学技术进步三等奖；

3.《甘肃祁连山青海云杉林生态系统动态监测研究》，2016年获甘肃省林业科技进步二等奖；

4.《祁连山地区基于水分管理的森林植被承载力研究》，2016年获甘肃省林业科技进步二等奖；

5.《祁连山青海云杉分布带生境演变动态监测技术研究》，2014年获张掖市科学技术进步一等奖。

图 3-20　祁连山生态站近年来承担的部分科研项目

表 3-4 祁连山生态站近年来取得的科研成果

项目（课题）名称	编号	负责人	经费/万元	项目类别	起始日期	结束日期
1. 森林生态服务功能分布式定位观测与模型模拟	201204101-4	刘贤德	34	国家林业局林业公益性行业科研专项	2012.01	2016.12
2. 甘肃祁连山森林生态系统定位研究站改扩建项目	—	刘贤德	680	国家林业局	2013.01	2015.12
3. 祁连山土壤氮矿化特征及分异规律研究	31260141	刘贤德	54	国家自然科学基金	2013.01	2016.12
4. 祁连山排露沟流域生态水文过程动态监测	—	刘贤德	30	横向合作项目	2014.01	2017.12
5. 祁连山土壤涵养水源功能与森林分布变化响应研究	145RJIG337	金铭	50	甘肃省创新研究群体项目	2014.07	2016.06
6. 祁连山土壤水资源与植被承载力空间分布特征研究	31360201	王顺利	50	国家自然科学基金	2014.01	2017.12
7. 甘肃省祁连山生态科技创新服务平台	144JTOG254	刘贤德	300	甘肃省科技厅	2014.11	2016.10
8. 西北祁连山地区森林土壤典型调查	2014FY12	刘贤德	20	科技基础性专项	2014.06	2017.05
9. 黑河上游山地森林植被系统结构、生态水文过程及生态参数化研究	91425301	刘贤德	20	横向合作项目	2015.01	2018.12
10. 祁连山大野口流域水源涵养功能生态水文关系分析	41461004	牛赟	52	国家自然科学基金	2015.01	2019.12
11. 祁连山排露沟流域不同植被类型地表径流规律研究	17JR5RG351	敬文茂	4	甘肃省自然科学基金	2017.09	2019.09
12. 甘肃祁连山森林生态系统国家定位观测研究站运行补助	2017-LYFT-DW-110	刘贤德	22	国家林业局	2017.01	2017.12
13. 张掖市祁连山生态环境信息管理体系建设项目	—	刘贤德	302.1	张掖市发展改革委	2017.01	2018.12
14. 祁连山生态保护修复监测能力建设及科技支撑项目（地面监测部分）	—	刘贤德	1772.39	国拨专项资金	2017.01	2019.12
15. 祁连山水源涵养区生态系统涵养功能提升研究	—	刘贤德	70	甘肃省科技计划项目	2018.07	2021.06
			3460.49			

3.4.3 对贺兰山生态修复的几点建议

《贺兰山生态环境综合整治修复工作方案》提出，要通过 3 年时间基本消除损害贺兰山生态环境的突出问题，建立贺兰山生态环境保护长效机制，逐步恢复贺兰山自然生态本底，筑牢我国西北地区生态安全屏障。

（1）认真学习和吸取成功经验，请相关专家指导贺兰山的生态修复。

（2）贯彻“聚焦保护、重点整治，分类施策、分步实施，市为主体、部门协同”的原则，坚持“节约优先、保护优先、自然恢复”为主的方针，按照“一年整治、两年修复、三年提升”的思路，对贺兰山国家级自然保护区删除重点区域生态环境损害的共性问题集中整治、个性问题分类解决，有计划、分步骤地解决贺兰山生态环境问题，增强生态系统的抵抗力，维护生态平衡。

（3）不能简单粗暴地进行“一刀切”式的治理。贺兰山不同海拔的地带性植被的分布不同，从低海拔到高海拔的不同植被相互依存、互利共生，所以要根据不同海拔区段、生态系统的系统属性进行不同的修复模式。

（4）根据实际情况，实事求是地进行治理。关于要不断扩大贺兰山森林面积的说法是片面的。造林在干旱地区的某些地区是有害的，也不一定符合自然分布，因此要尊重自然规律，具体问题具体分析。另外，很多治理走向了极端，如禁牧的治理措施就是忽视了动物啃食的植被生长的作用，结果出现了灌木疯长，从而引发森林火灾。

（5）对于贺兰山来说有很多特殊的生态问题，如矿山开采后的治理会产生水土流失，因此贺兰山修复中水土流失也是治理的一个方面。另外，对于贺兰山来说，高海拔地区的生态保护也是治理工作中的重中之重。因为高海拔地区生态更加脆弱，生态修复更难；而且高海拔地区的水源涵养问题也很重要，因为它是低海拔水源的来源地。

3.5 西北祁连山地区森林土壤典型调查研究技术

3.5.1 研究背景

土壤是森林产生生产力和发挥多种服务功能的重要基础之一。但是目前我国各地各类森林土壤资源的分布范围、面积、质量状况及其变化规律尚不清楚。采集和了解森林土壤剖面特征，对于指导合理经营和优化利用森林土壤资源都具有重要的理论和实用价值。祁连山是我国重要的水源涵养林之一，通过对祁连山森林土壤的研究，对维护我国土地生态安全和社会经济发展具有重要意义。

西北地区的森林特别是天然林多分布在山区，也就是我们通常所说的山地森林，山地森林大多是我国天然林保护工程区、退耕还林工程重点地区，山地森林土壤性质独特、其组成成分对环境变化敏感，而且受自然干扰和人为干扰，森林土壤变化大，所以需对其进行调查评价，进而提出相应对策。

3.5.2 研究意义

对森林土壤资源分布状况、土壤质量及利用现状进行全面系统的调查和分析，具有以下重要的理论和实践意义：

（1）对修复、保护、开发和利用这些珍贵的森林土壤资源具有重要作用。

（2）为林业、生态及相关学科的发展提供有效数据支撑。

（3）为国家林业发展和有效应对全球气候变化提供科学依据。

3.5.3 研究内容

（1）调查西北祁连山各类森林土壤资源的分布范围、质量状况及利用现状。

（2）采集祁连山典型森林类型土壤剖面数据及图像。

（3）对西北祁连山主要森林类型土壤进行综合分析评价。

（4）向中华人民共和国科学技术部国家科技基础案件平台中心提交祁连山森林土壤属性数据库和土壤质量评价报告。

3.5.4 研究目标

基于前期的调查研究与实践积累，面向区域林业发展，按项目统一调查分析的原则，开展以下工作：

（1）通过野外调查补充典型森林土壤相关数据，填补典型森林土壤面积、分布、质量、利用等基础信息的空缺。

（2）提供构建土壤数据库信息，分析区域现状和变化，为林业发展及相关学科提供数据支撑。

（3）为制定统一的调查标准提供技术建议。

（4）为后续大规模调查和科学实践提供技术、案例、人才基础，促进林业建设、生态修复、可持续发展。

3.5.5 调查研究过程

祁连山东起乌鞘岭，西至当金山口与阿尔金山脉相接，东西长约 1000 km，南北宽约 300 km。祁连山脉几乎是被干旱区包围着的高地，它的东边有黄土高原，西边有库姆塔格沙漠，南边有柴达木盆地，北边有戈壁和沙漠（北山戈壁和巴丹吉林沙漠）。祁连山像是一座伸进西部干旱区的湿岛，祁连山的冰川融水从山涧流向荒漠。

祁连山按地形可划分为东段、中段和西段，张掖市扁都口以东属东段；扁都口至北大河谷之间为中段；北大河谷以西至当金山口为西段。

受西风带天气系统、高原季风和东亚季风的影响，祁连山东段、中段和西段，在年降水量、不同等级降水天数方面，均表现为“东段>西段”，这会影响到分布在祁连山森林生态系统土壤诸多元素的生态过程。植被类型分布也表现出不同的特征，其中祁连山东段的植被类型分布较多，结构也较为复杂，除了东段、中段、西段共有的青海云杉和祁连圆柏外，还分布着山杨、白桦、红桦和油松等树种；祁连山中段，主要分布青海云杉和祁连圆柏，山杨、油松、桦木等树种基本退化，植被类型数量和结构逐渐减弱和简单化；祁连山西段，乔木只有青海云杉和少量的祁连圆柏混交，植被呈小斑块化分布。从东段到西段，植被总体特征从森林草原向草原、半荒漠和荒漠植被过渡，从植被形态特征上来看，寒温带植被类型性、温性植被被旱生植被所取代。图 3-21 为祁连山植被垂直带。

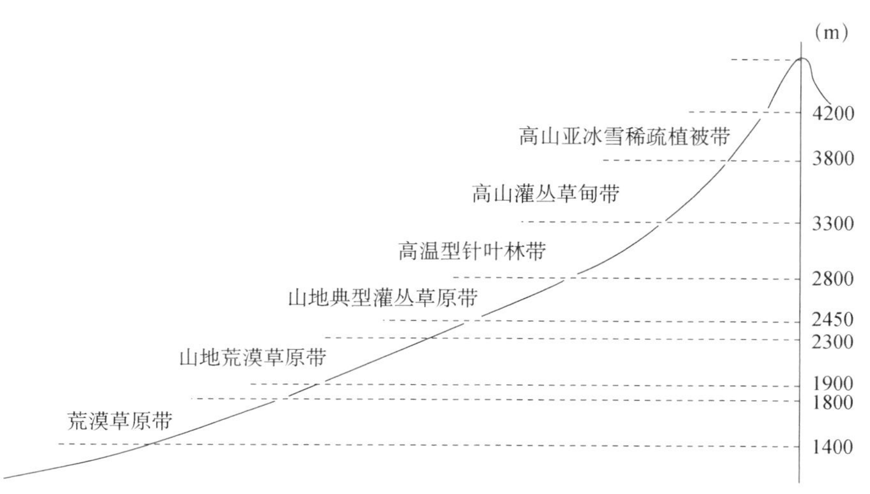

图 3-21　祁连山植被垂直带

3.5.5.1 方案设计

要考虑祁连山东段、中段和西段的地形、降雨、植被等因素，选择林区，即东段的哈溪林区、中段的西水林区和寺大隆林区、西段的祁丰林区，并沿海拔梯度选择典型植被类型，然后进行土壤调查和取样。同时可以依托各种生态监测站，即哈溪自然保护站庙儿沟生态监测站、祁连山森林生态站、寺大隆生态监测科学观测研究站、祁丰林场腰泉护林站进行生态监测。

3.5.5.2 调查和采样的具体方法

（1）调查内容。调查样地基本情况（地点、位置、地貌、海拔、母岩、母质、侵蚀、地下水位、土地利用等），调查森林植被情况（林冠层、灌木层、草本层、苔藓层、枯落物层、根系等），调查森林植被建造、利用、管理历史情况，土壤调查和取样（剖面描述、拍照、取样等）。

（2）调查内容分类。

1）调查分析土壤剖面特征：厚度、分层、土体构造、分层采样。

2）土壤状态变化监测样品的采集：利用剖面分层采样＋固定地点与土层的土钻多点混合采样的方式准确区分有机质层和矿质土壤层采样（0～10 cm、10～20 cm、20～40 cm、40～80 cm、80～100 cm）。

3）调查样土物理性质：土壤有机质含量、土壤石砾含量；细粒土的土壤容重、土壤质地、土壤孔隙度、土壤持水性能（非扰动土样）等。

图 3-22 为土壤野外调查与采样技术路线。

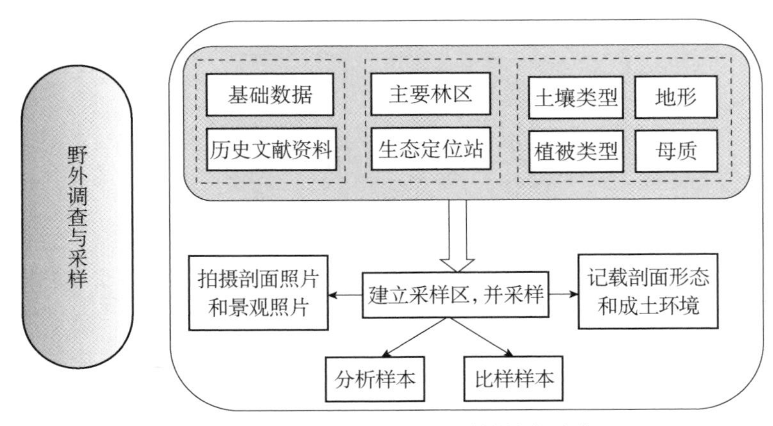

图 3-22 土壤野外调查与采样技术路线

4）调查样土化学性质：测定土壤的pH和总有机碳、总氮的含量，调查土壤的碳酸盐岩，进行王水浸提、阳离子交换量的测定、进行草酸盐液提取等。

5）取样数量：

① 土壤剖面调查，每点≥1，按形成层分层采样，每层土样≥1；

② 固定土层取样，每点≥5（24），机械分3～8层采样，每层土样≥1；

③ 容重、孔隙度，每点0～5（5），机械分3～8层采样，每层土样≥1。

3.5.6　完成情况

通过5年的调查研究，完成了科技基础性工作专项“西北祁连山地区森林土壤典型调查项目”任务。

（1）完成了106个林分采集主根系层不同深度土壤样及剖面调查。表3-5为不同采样点剖面调查统计。

表3-5　不同采样点剖面调查统计　　单位：个

地点		乔木样地	灌木样地	草地样地	总计
祁连山东段	哈溪林区	8	2	2	12
祁连山中段	西水林区	41	22	12	80
	寺大隆林区	3	1	1	
祁连山西段	祁丰林区	12	1	1	14
和土壤剖面总计					106

（2）建立了一套研究地区土壤属性数据库。研发适用于森林土壤的“森林土壤数据录入系统”，建立了一套土壤属性数据库，包括调查点基本信息、植被（林分）特征、土壤剖面特征、土壤理化特性（森林土壤常规调查物理性质数据、化学性质数据）。

（3）依托该项目发表的论文有18篇：

《祁连山青海云杉林土壤理化性质和酶活性海拔分布特征》；

《祁连山祁丰林区森林土壤交换性盐基离子的剖面变化特征》；

《张掖市肃南县祁丰林区森林土壤铁剖面变化特征》；

《祁丰林区森林土壤养分特征及评价》；

《祁连山哈溪林区森林土壤电导率剖面变化特征》；

《祁连山林草复合流域土壤温湿度时空变化特征》；

《祁连山高山灌丛土壤物理性质及水源涵养功能研究》;

《祁连山大野口流域典型灌丛植物与土壤中氮磷的化学计量特征》;

《祁连山北坡青海云杉林下苔藓层对土壤水分空间差异的影响》;

《旅游干扰对祁连山风景区土壤性质的影响》;

《祁连山青海云杉林土壤养分特征》;

《祁连山青海云杉林叶片—枯落物—土壤的碳氮磷生态化学计量特征》;

《祁连山青海云杉林动态监测样地土壤 pH 和养分的空间异质性》;

《祁连山东段哈溪林区不同海拔对青海云杉林下土壤氮分布特征的影响》;

《祁连山东段哈溪林区不同海拔高度青海云杉林土壤全磷和全钾分布特征》;

《祁连山青海云杉林土壤有效微量元素含量特征》;

《祁连山青海云杉林土壤有机质及氮素的空间分布特征》;

《祁连山青海云杉（Picea crassifolia）林浅层土壤碳、氮含量特征及其相互关系》。

（4）依托项目获得专利 10 项：

1）样品风干装置（ZL201820254737.X）。

2）一种土壤筛分装置（已授权）。

3）一种挖坑机辅助工作装置及挖坑作业系统（已授权）。

4）一种便于疏松土壤的栅栏单元件及围栏组件（已授权）。

5）一种土壤处理装置（已授权）。

6）一种移土器（已授权）。

7）一种待测土壤分离装置及待测土壤分离系统（已授权）。

8）一种土壤净化装置（已授权）。

9）一种用于制备土壤切片的切割装置及土壤切片制备装置（发明专利，审核中）。

10）一种环境土壤检测方法及装置（发明专利，审核中）。

（5）在祁连山森林生态站建立了土壤标本室和土壤样品室：

1）土壤标本室：标本室占地 40 多 m^2，室内主要放置土壤整段标本、比样标本和土壤样品，共 15 个土壤标本（内径规格为 100 cm×70 cm×20 cm），其中云杉下森林土壤标本 11 个，草本土森林土壤标本 2 个，灌木土森林土壤标本 2 个。

2）土壤样品室：在哈溪林区选择了青海云杉林（6 个）、祁连圆柏林（2

个）、灌木林（2 个）和草地（2 个）4 种植被类型进行土壤调查和取样；在西水林区排露沟流域选择了青海云杉林（39 个）、灌木林（22 个）和草地（12 个）3 种植被类型进行土壤调查和取样；在寺大隆林区天涝池流域选择了青海云杉林（2 个）、祁连圆柏林（2 个）、灌木林（1 个）和草地（1 个）4 种植被类型进行土壤调查和取样；在祁丰林区选择了青海云杉林（3 个）、祁连圆柏林（5 个）、祁连圆柏青海云杉混交林（4 个）、灌木林（1 个）、草地（1 个）5 种植被类型进行土壤调查和取样。以上调查和取样获得的土壤样品在该样品室里保存。

（6）培养了硕士研究生 1 名，森林土壤青年科技人员 1 名。

（7）将所取得的科学数据提交到科学技术部国家级科技基础条件平台中心。

3.5.7　后期工作

可持续发展的决策需要数据集成。回答社会经济可持续发展面临的环境问题需要系统知识和系统工具，数据集成和模型集成是获取系统知识和发展系统工具的重要途径。图 3-23 展示了数据积累与知识积累的辩证关系。

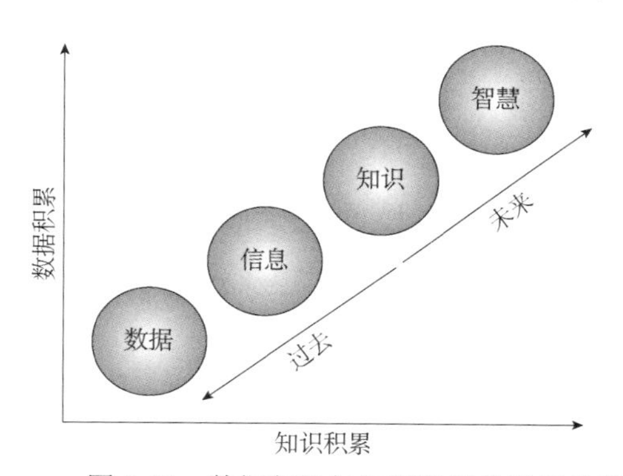

图 3-23　数据积累与知识积累的辩证关系

（1）采样层次的标准化。研发不容深度土壤属性分布函数，对土壤垂直变异进行拟合，按照 GSM 标准，得到标准较为一致的不同土壤层次的土壤属性。

（2）不同测定方法的转换。根据 ISO10390：2005 国际标准与 GSM 标准，构建不同测定方法间的关系。

（3）不同土壤质地分级标准的转换。图 3-24 为不同质地分级标准的转换流程。

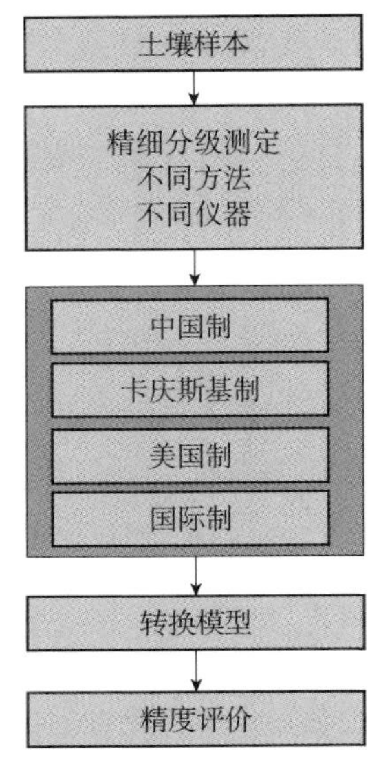

图 3-24　不同质地分级标准的转换流程

（4）不同土壤分类系统的参比。基于土壤发生学描述、成土环境和实验室理化测定，参照各种土壤系统分类，进行土壤类型参比。图 3-25 为不同土壤分类系统的参比流程。

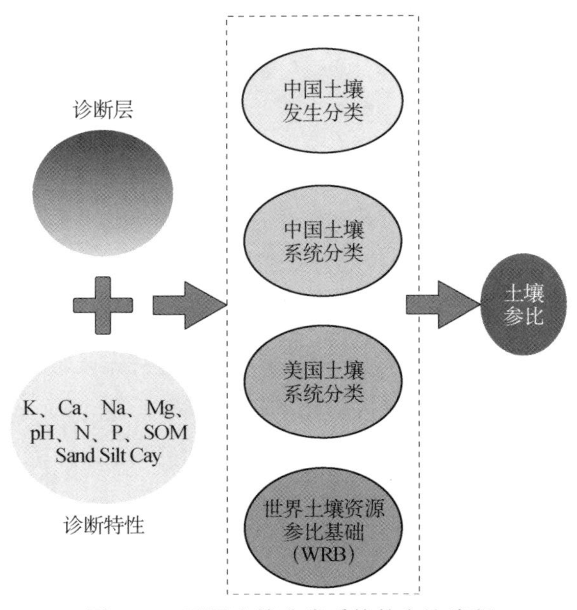

图 3-25　不同土壤分类系统的参比流程

（5）土壤转换函数的开发。许多频繁用于各种模型计算的重要土壤属性数据，其样本往往非常稀少或者部分缺失，其原因主要包括：野外或室内测定耗时费力，难以大量测定，如土壤饱和导水率、土壤持水能力等测定；客观因素如土壤剖面存在砾石多或具有特殊性状的发生层的存在，导致难以取样、测定、分析，又如在数据库中关于土壤容重的数据会有部分缺失的情况存在；往往难以根据成土环境因素直接推测得到。

3.6　贺兰山生态修复技术体系构建

3.6.1　统筹整合各部门的生态保护修复措施

3.6.1.1　国家生态安全屏障保护修复

由国家发展改革委主导。2005 年以来，我国先后启动实施了《青海三江源自然保护区生态保护和建设总体规划》（2005 年）、《祁连山生态保护与建设综合治理规划（2012—2020 年）》（2012 年）；同时推进青藏高原、黄土高原、云贵高原、秦巴山脉、祁连山脉、大小兴安岭和长白山、南岭山地地区、京津冀水源涵养区、内蒙古高原、河西走廊、塔里木河流域、滇桂黔喀斯特地区等关系国家生态安全的核心地区生态修复治理。其中，祁连山生态保护与综合治理工程主要包括林地保护和建设、草地保护和建设、湿地保护和建设、水土保持、冰川环境保护、生态保护支撑工程以及科技支撑工程 7 项内容。

3.6.1.2　国土综合整治

由国土资源部主导（2018 年以前）。2009 年以来，我国实施了城市化地区和重点生态功能区、农村土地综合整治工程，开展重点流域、海岸带和海岛等地区综合整治，加强矿产资源开发集中地区地质环境治理和生态修复；推进损毁土地、工矿废弃地复垦，修复受自然灾害、大型建设项目破坏的山体、矿山废弃地；加大重大战略支撑区、高速公路网沿线、南水北调、黄河明清故道沿线综合治理力度，推进边疆地区国土综合开发、防护和整治。

3.6.1.3 国土绿化

由国家林业和草原局主导。1982 年 2 月，国务院决定成立中央绿化委员会，1988 年改称全国绿化委员会，加强对全民义务植树运动的组织领导。开展大规模植树增绿活动，集中连片建设森林，加强“三北”（包括东北、华北北部和西北地区）、沿海、长江和珠江流域等地区的防护林体系建设，加快建设储备林及用材林基地建设，推进退化防护林修复，建设绿色生态保护空间和连接各生态空间的生态廊道；开展农田防护林建设，开展太行山绿化，开展盐碱地、干热河谷造林试点示范，开展山体生态修复。

3.6.1.4 防沙治沙和水土流失综合治理

由水利部、国家林业和草原局主导。1949 年以来，我国实施“三北”防护林体系建设，实施北方防沙带、黄土高原区、东北黑土区、西南岩溶区等重点区域水土流失综合防治；实施京津风沙源治理、石漠化综合治理、退耕还林、退牧还草等一系列生态建设重点工程；推进沙化土地封禁保护、坡耕地综合治理、侵蚀沟整治和生态清洁小流域建设。

3.6.1.5 流域水环境保护治理

由国家发展改革委、水利部主导。1992 年以来，针对流域水环境、河流水质下降，蓝藻水华频繁暴发，水污染事故频发等问题，国家选择重要的江河源头及水源涵养区开展生态保护和修复，以重点流域为单元开展系统整治，使生态功能重要的江河湖泊水体得以休养生息。2017 年，国家设立重点流域水环境综合治理中央预算内投资，开展城镇污水处理、城镇垃圾处理、河道（湖库）水环境综合治理和城镇饮用水水源地治理，以及推进水环境治理的其他工程。

3.6.1.6 河湖与湿地保护恢复

由水利部、国家林业和草原局主导。2000 年以来，我国加强以自然保护区、水利风景区、城市湿地公园等为主的河湖湿地保护修复。推进京津冀“六河五湖”、湖北“四湖”、钱塘江上游、草海、梁子湖、汾河、滹沱河、红碱淖等重要河湖和湿地生态保护与修复，推进城市河湖生态化治理。河湖湿地保护和修复的方法包括隔离保护与自然修复，河湖连通性恢复，河流湿地保护与修复，河湖岸边带保护与修复，水生生物生境维护等。

3.6.1.7　生物多样性保护

由生态环境部主导。根据《“十三五”生态环境保护规划》，开展生物多样性保护优先区域的生物多样性调查和评估，建设 50 个生物多样性综合观测站和 800 个观测样区，建立生物多样性数据库及生物多样性评估预警平台、生物物种查验鉴定平台，完成国家级自然保护区勘界确权，60%以上国家级自然保护区达到规范化建设要求，加强生态廊道建设，有步骤地实施自然保护区核心区、缓冲区生态移民，完善迁地保护体系，建设国家生物多样性博物馆。开展生物多样性保护、恢复。

图 3-26 为各部门关于生态保护修复的工作分工。

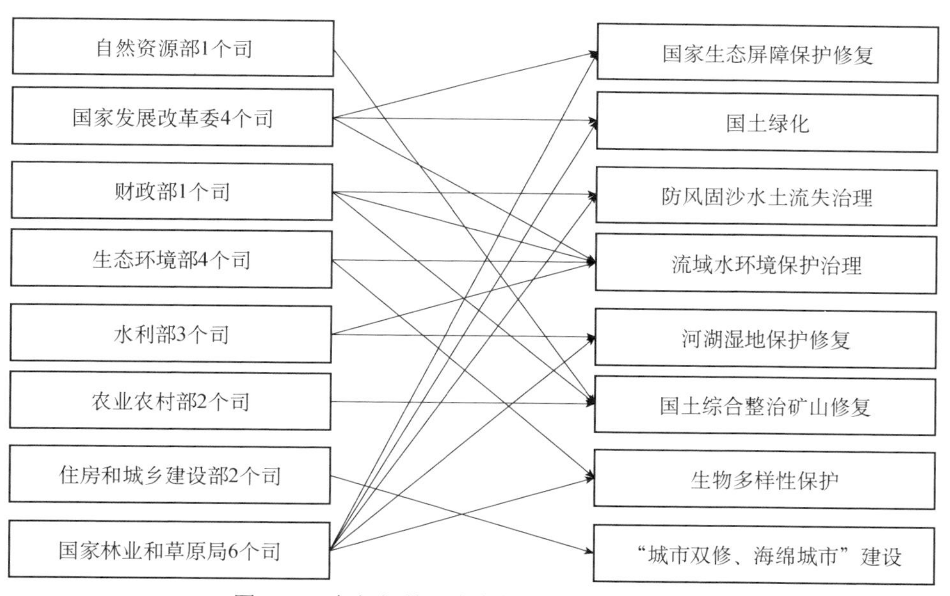

图 3-26　各部门关于生态保护修复的工作分工

3.6.1.8　城市生态修复和生态产品供给

由住房和城乡建设部主导。“海绵城市”指能弹性适应环境变化和应对雨水带来的自然灾害等方面的城市，“城市双修”指生态修复、城市修补，是治理“城市病”、改善人居环境、转变城市发展方式的有效手段，有计划、有步骤地修复被破坏的山体、河流、湿地、植被。2016 年启动“海绵城市”建设，2015—2017 年启动了三批“城市双修”试点结合“海绵城市”“城市双修”建设。主要对城市规划区范围内自然资源和生态空间进行调查评估，推进绿道绿廊建设，合理规划建设各类公园绿地，加快老旧公园改造，增加生态产品供给。

3.6.2 贺兰山生态保护修复定位

进行贺兰山生态环境综合整治，开展贺兰山东麓防洪治理、贺兰山东麓生态廊道建设（贺兰山东麓葡萄产业及文化长廊的防护林带）、贺兰山东麓山水林田湖草生态保护修复工程试点项目等。

根据贺兰山在我国生态安全格局中的地位和对宁夏经济社会的重要意义，可将贺兰山定义为我国西北贺兰山生态安全屏障、银川都市圈西部贺兰山东麓文化旅游生态廊道、城乡绿色发展经济带。图 3-27 为贺兰山生态保护修复专项规划。

图 3-27 贺兰山生态保护修复专项规划

3.6.3 贺兰山生态保护修复的技术体系

建立贺兰山生态保护修复技术体系应该从三个方面考虑，即全国关于生态保护修复工程体系、“山水林田湖草是生命共同体”的系统理论、我国各部门的职责分工与结合。图 3-28 展示了各工程项目类型的技术方案；图3-29 为贺兰山生态保护修复的技术体系。

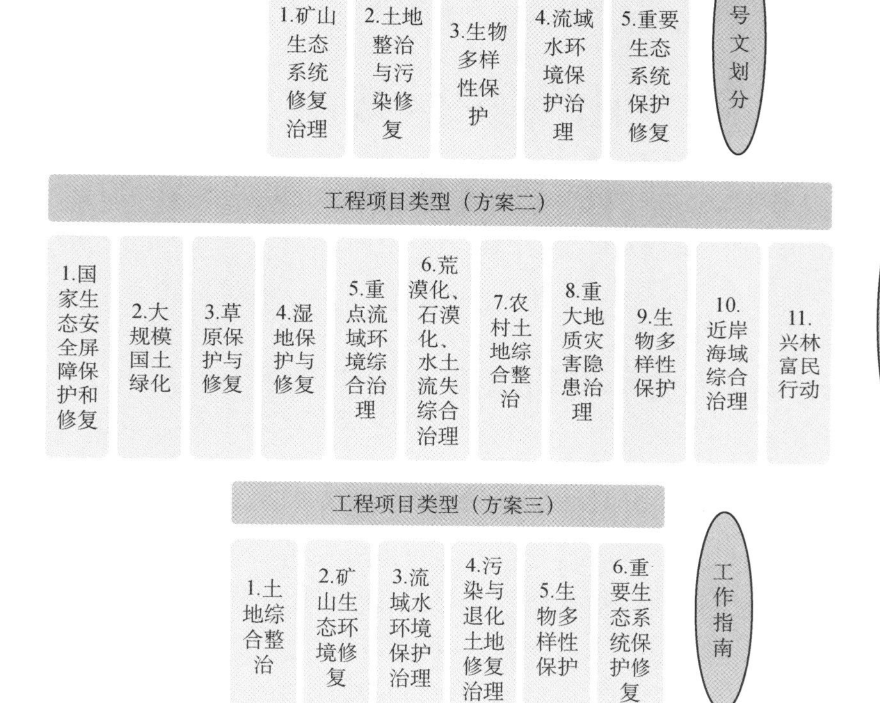

图 3-28　各工程项目类型的技术方案

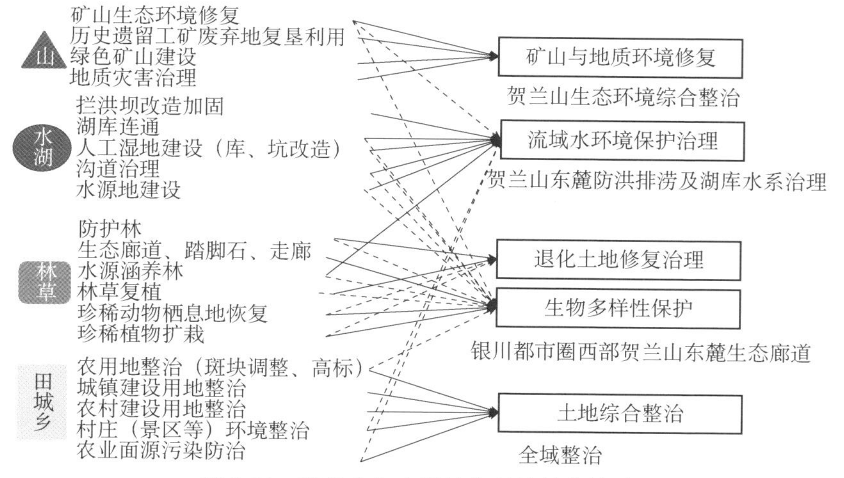

图 3-29　贺兰山生态保护修复的技术体系

第 4 章　贺兰山保护区煤矿企业生态转型发展

4.1　由历史环境信息看贺兰山生态修复

4.1.1　生态修复离不开环境史研究

在《旧唐书·魏征传》中记录了唐太宗李世民的一句话："夫以铜为镜，可以正衣冠；以古为镜，可以知兴替；以人为镜，可以明得失。"在社会发展中，但凡有重大问题产生，人们往往要先拷问历史，从历史上寻找此类问题发生的缘由和解决方法，这样的智慧借鉴也是一种解决问题的方法。

《寂静的春天》在 1962 年出版以后，引起了全社会对环境问题的极大关注，以历史上的气候变化、资源问题、环境问题等，或者说是以人与自然之间的相互作用关系及其变化过程为对象的历史研究，因为其担负着重要的现实责任，而在历史学中应运而生，这是环境史学科产生的必然性。

南开大学的王利华教授在 2016 年发表于《人民日报》上的一篇标题为《环境史研究的时代担当》的文章中，开宗明义地提出："环境史研究积极回应社会关切，系统考察人与自然关系演变历史，既是一门新史学，也是一种面向现实的基础性研究。"而且环境史研究可以"推动历史观念更新，可为理性认识环境危机、积极应对环境挑战、谋求人与自然和谐相处的可持续发展提供历史视角和经验借鉴"。

美国环境史学家唐纳德·沃斯特，曾经在发表过的文章中回答了环境史可以为今天的世界做什么的问题。第一，环境史可以对资源保护以及环境保护主义——现代社会中两种强大力量——的兴起提供更深刻的理解；第二，它有助于生态学以及其他环境科学提出更富有创见、更加成熟的解决问题的方法；第三，它有助于我们更深刻、更富批判性地了解我们的经济文化和制度，特别是占有统治地位的资本主义的经济文化及其对地球所造成的后果；第四，它可以让我们对我们所栖居的每一个特定的地方——我们必须在那里发现更好的生活方式——有更深邃的了解。

环境史是一个跨学科的新领域，大约在 20 世纪 90 年代传入中国。在侯仁之、史念海、谭其骧、文焕然、朱士光等我国历史地理学家们的一些研究成果中，其实也有一部分属于环境史研究领域，只是当时还没有这个学科定义。目前，在国际层面倡导的生态文明理念将从环境史研究中发展。

现阶段，人们对所实施的重大工程项目进行区域性、针对性生态环境影响评价、评估的做法形成一个惯例。有些国家还会进行项目后续的生态环境跟踪评估。人类活动对生态环境的影响往往会在项目实施中不断累积，这种影响在累积中增强或减弱，所以在项目实施前预测的结果与实施后的情形有时是不一致的。目前看来，环境史研究对人类活动的环境影响进行长时段、总趋势的评价、评估是非常有利的。

环境史学也将是生态文明建设中的支撑性学科。因为它既可以为区域生态修复和生态建设指明方向，也可以对资源利用和生态建设中的失误有所匡正，从而避免在生态修复中用一个错误纠正另一个错误的情况发生，走出好心办坏事的生态建设误区。

4.1.2 贺兰山功能地位的历史审视

贺兰山地处我国西北部，呈东北—西南走向，南北长约 300 km，主峰敖包疙瘩海拔 3556 m，其他山峰海拔高度多为 2000～3000 m，峰顶与东侧宁夏平原的相对高差一般在 1000 m 以上，与西侧阿拉善高原平均海拔的相对高差在 500 m 以上。由于贺兰山山势陡峻，形成了特殊的山地气候和景观的垂直差异。贺兰山年平均气温低于平原地区，而年降水量则相对较高；从山下到山上，温度递减，湿度递增，植被类型由荒漠或草原植被到森林植被，再到山体高处的灌丛和草甸植被，形成典型的植被垂直分带；坡向对植被的分异作用也非常突出，土壤则随着植被的变化表现出相应的更替规律。

在行政区划上，贺兰山地处宁夏与内蒙古的交界处。

站在更长的时间和空间尺度来梳理贺兰山的生态功能和地位，至少可以总结出六个方面的表现。

4.1.2.1 生态与地理屏障

在自然地理区划上，贺兰山是我国季风区与非季风区、半干旱区与干旱区、草原区与荒漠区的分界线，山两侧的植被和土壤有着显著的差异。贺兰山西侧是阿拉善高原，高原的降水主要是由西风漂流带来的，大部分地区年降水量还不足 100 mm，广泛分布着荒漠植被及灰棕漠土、风沙土；东侧的宁夏平原及鄂尔多斯地台是东南季风的尾闾区，广泛分布着荒漠草原植被与灰钙土和风沙土。

贺兰山的屏障作用还表现为对冬季风的削弱和对沙尘暴的阻隔。贺兰山东侧的宁夏平原冬、春季的大风要比西侧阿拉善高原和缓许多，阿拉善左旗全年大风日数达 70 d，宁夏平原只有 30 d 左右，处于宁夏平原北端狭管风口上的石嘴山市也不超过 56 d。有时同一场大风袭来，两地的风力级别往往也要差 1～2 级；有时在贺兰山西侧有沙尘暴的日子，宁夏平原往往只是扬尘天气。

4.1.2.2 生物多样性宝库

贺兰山是我国西北重要的物种宝库之一。根据金山的《宁夏贺兰山国家级自然保护区植物多样性及其保护研究》，贺兰山共有野生维管植物 81 科 317 属 731 种，其中蕨类植物 8 科 9 属 15 种；裸子植物 3 科 5 属 8 种；被子植物 70 科 303 属 708 种。贺兰山国家级自然保护区共有苔藓植物 27 科 66 属 167 种，其中苔类 5 科 5 属 5 种；藓类 22 科 61 属 162 种。宁夏境内贺兰山国家级自然保护区共有脊椎动物 5 纲 24 目 56 科 139 属 218 种，其中鱼纲 1 目 2 科 2 属 2 种；两栖纲 1 目 2 科 2 属 3 种；爬行纲 2 目 6 科 9 属 14 种；鸟纲 14 目 31 科 81 属 143 种；哺乳纲 6 目 15 科 45 属 56 种。

贺兰山是我国重要的生物多样性中心，与祁连山同为内蒙古、宁夏、甘肃、青海半干旱到干旱区的百余平方千米国土上的生命庇护所，是这一区域的生物资源中心和基因库。植物资源中将近一半都为药用植物，其中有沙冬青、野大豆、扁桃、贺兰山丁香、四合木、黄芪等 10 余种国家重点保护植物和 70 余种濒危植物分布。据古月天等人 2012 年的研究报告，贺兰山国家重点保护动物有 43 种，包括鸟类 30 种、哺乳类 13 种，其中有 8 种国家一级重点保护野生动物、35 种国家二级重点保护野生动物；列入《中国物种红色名录》的物种有 17 种、列入《濒危野生动植物种国际贸易公约》的物种有 37 种。

在经历过多次地质构造运动后，贺兰山形成了多样的地层结构、复杂的地质构造和崎岖的地形，贺兰山主峰顶到山麓逾 2000 m 的巨大高差下形成了鲜明的垂直地带性分异，这在地貌、生物和土壤发育过程等诸多方面都有表现。而在同样的海拔高度上，由于光照强度和水分条件的差异，植被、土壤等还表现出明显的坡向差异，这些因素都为生物多样性的孕育奠定了基础。

4.1.2.3　水源涵养功能

贺兰山也是宁夏和内蒙古重要的水源涵养区，对维持区域生态系统稳定性具有重要意义。贺兰山的森林中主要有青海云杉、油松、杜松、山杨以及扁桃、虎榛子、锦鸡儿、沙冬青等灌木，贺兰山森林的主体是高大针叶林，在涵养水源方面发挥着很强的作用。

森林覆盖率较高的贺兰山东坡、中段，即三关口至大武口，有 20 多条山洪沟，其中在滚钟口沟、苏峪口沟、贺兰沟、大水沟等多个山沟都有溪水；贺兰山西坡的哈拉乌南沟和北沟、南寺沟、北寺沟等也是常年有水。据白学良等 1998 年的研究，贺兰山青海云杉林下苔藓地被层的生物量最高达 9147.7 kg/hm^2 以上，在降水充沛的条件下，可蓄水 201745 kg/hm^2。正是这样的山形植被，孕育了贺兰山的灵毓山水，使人类文明可以在贺兰山地及其两侧的荒漠半荒漠区得以生息繁衍。

贺兰山涵养水源的作用最主要的体现是对地下水的涵养。贺兰山东、西两侧的山前地带，由洪积扇群构成了巨厚的砂砾含水层，具有良好的储水条件，降水由基岩裂隙入渗后潜入地下，地下水在洪积扇前缘形成泉水出露或形成埋藏较浅的潜水层，成为地下水富集区（见图 4-1）。正因如此，这一地带自然而然地成为人们首选的聚居地，阿拉善盟首府巴彦浩特镇的农耕带，就在贺兰山西侧的山地洪积扇前缘带上，诸如长流水今内蒙古阿拉善左旗南、贺兰山西、李井滩示范区等“小绿洲”的存在，也都得益于贺兰山的水源涵养功能。

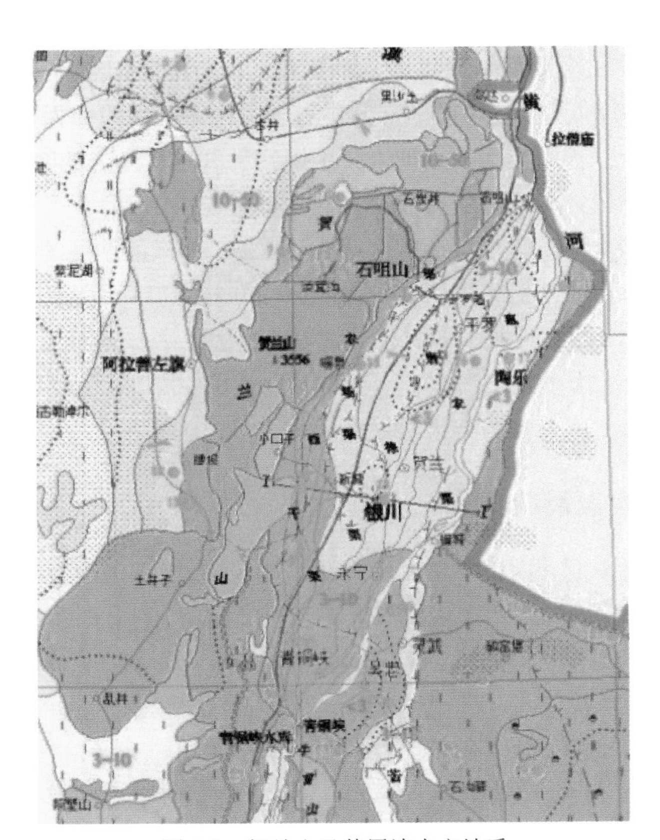

图 4-1　贺兰山及其周边水文地质

注：图中颜色越偏冷色调表明地下水含量越高，越偏暖色调则反之。

4.1.2.4　文明摇篮

在贺兰山的黑石峁、小西峰沟、龟头沟、贺兰口、苏峪口、插旗口、西蕃口、口子门沟、黄羊山、苦井沟等处，现今共发现 30 多处岩画群，画面总数在万幅以上，这些书画的发现反映了贺兰山的山前洪积扇及其前缘地带，曾经青草葳蕤、泉水出露，有良好的牧畜狩猎条件，是优越的生存之地。

青铜峡市的鸽子山遗址，显示了 1 万多年前贺兰山浅山区的狩猎活动场景，在贺兰山东、西两侧发现了诸多新石器遗址。平罗境内有史料记载最早的县级建制——廉县、隋唐的灵州等，也都建在贺兰山山前洪积平原地带，这充分说明早期的人类活动对贺兰山水源涵养作用的依赖。

在古代，就有包括羌戎、月氏、匈奴、汉、鲜卑、铁勒、突厥、吐蕃、回纥、党项等诸多民族曾在贺兰山及其周边繁衍生息的历史场景。特别是建都于兴庆府（今宁夏银川市）的西夏王国，在贺兰山山中及山前曾大修离宫别院。在贺兰山滚钟口、大水沟等处保留有大型宫殿和佛教寺庙遗址，其中大水沟口遗址绵延十余里，可见其规模之大。

贺兰山拜寺沟曾经还矗立着两座西夏时的佛塔，在经历了 1739 年、1920 年两次大地震以后依然“挺拔”，但在 1991 年被不法分子炸毁。文物专家们后来清理时发现了一本西夏文佛经，名为《吉祥遍至口和本续》，这本佛经成为我国木活字印刷术的最古老证物。在贺兰山东侧的山前洪积扇上还分布着西夏 9 个帝王陵墓和 250 多个陪葬墓，占地面积达 50 hm^2。如果说贺兰山岩画是古代游牧文明的印记，那么有“东方金字塔”之称的西夏王陵，毫无疑义成为西夏王朝文明的象征。

明清时期的贺兰山又成为重要的宗教圣地之一。贺兰山滚钟口有贺兰庙、老君堂、大悲阁、斗母宫、小洞天、关帝庙、兴隆寺、晚翠阁、观音庙等 14 处宗教建筑，有始建于清重修于 1918 年的大清真寺，贺兰山山峰上还有造型优美的白塔等。贺兰山不仅是银川及其周边市、县重要的宗教圣地，也是避酷暑、赏风景的旅游消夏之所。

4.1.2.5　军事防御

在古代，贺兰山也是军事上的天然屏障，素有“朔方之保障，沙漠之咽喉”的美称。贺兰山东西两侧的沟谷数量众多，《甘肃通志》称“其蹊径可驰入者五十余处”，东西连通的通道少，有三关口、苏峪口、汝箕沟至古拉本以及清水沟至宗别立镇的几条。其中，三关口又称赤木口，位于贺兰山中段，沿途沟谷宽而平缓，山势低平，多井泉，是穿越贺兰山的“要道”之一。苏峪口又称宿嵬口，位于贺兰山中段，部分路段行走艰难，所以被俗称为“小道”。汝箕沟至古拉本敖包镇的翻山道路是贺兰山中段北部的通道，清水沟至宗别立镇形成贺兰山北段通道，是比较宜行的。在冷兵器时代，只要守住这几处沟谷，尤其是前两个沟口，宁夏平原的西北边防即可安然。

秦朝至唐朝中原的防线最主要的是黄河，贺兰山的防御作用尚未凸显。

至西夏王朝在宁夏平原建立后，贺兰山北段成为西夏和辽、金、元的前沿阵地。元的蒙古军先后与西夏 6 次开战，最后以先外围各个击破、再长期围困中兴府的战略，灭了西夏。其中，第三次蒙夏战争即在贺兰山克夷门（一般认为是今之三关口）有过激烈的争夺战，史载“克夷为中兴府外围，两山对峙，中通一径，悬绝不可登”，蒙军与夏军相持两个月不能通过，后设伏并引诱夏兵出击，才攻破了克夷门。

而贺兰山真正成为边防是在明代修建长城之后，据《皇明九边考》记载：“宁夏北，贺兰山，黄河之间，外有旧边墙一道。嘉靖十年（公元 1531 年）总制王琼于内复筑边墙一道，官军遂弃外边不守，以致内地田地荒芜。”在《嘉靖宁夏新志》中也有记载：“临山堡极北之地尽头，山脚之下，东有边墙，相离平虏城（今平罗）五十余里。”

4.1.2.6 资源宝库

贺兰山是一处“宝圪塔”，其东侧的石灰岩、熔剂用白云岩、硅石、耐火黏土、磷矿石、化工用石灰岩、玻璃用砂岩等矿产资源占宁夏矿产资源蕴藏量的 50%以上。另有已探明用于水泥配料的黏土占宁夏回族自治区的份额为 68.2%，水泥用石灰岩占比为 66.8%，煤炭占比为 7%。

产于贺兰山中段和北段的太西煤素有 “三低”“六高”的特点，即“低灰、低硫、低磷”“高发热量、高块煤率、高比电阻、高机械强度、高化学活性、高精煤产率”，是国内外煤炭中少有的优质煤。太西煤的开采历史，有案可查的是在清朝，较早开采的煤田都在贺兰山北段的内蒙古区段内，有今乌达、古拉本敖包镇、呼鲁斯太镇等，当时主要供给包括宁夏平原在内的城乡居民生活取暖，有一部分也为制砖业等工业所用。

20 世纪 50 年代中期，为解决西北铁路运输业和冶金工业的资源支撑问题，国家允许在宁夏石嘴山市、内蒙古桌子山一带开发煤炭资源，建立了石嘴山、石炭井、乌达、海勃湾 4 个矿务局。由此，贺兰山北段和中北段开始成为我国西北地区的煤业基地，采煤业陆续带动起当地的电力工业、冶金工业、建材工业等“第二次产业”，支撑了宁夏平原、内蒙古后套平原以及河西走廊的工业发展。

贺兰山也是“宁夏五宝”之一贺兰石的原产地，由贺兰石加工的贺兰砚名列我国十大名砚之列。贺兰山的石料、水泥用石灰岩、洪积扇地带的砂石、中山区的森林树木等多种资源，还奠定了宁夏平原和阿拉善高原的建材和建筑行业。

在古代，贺兰山丰富的物种资源、森林和草场资源为当地的人们提供了丰富的生活资料和生产资料，是人们狩猎、牧畜的天堂和采药、伐木的宝地。在现代，贺兰山则承担着种质资源基地、旅游资源宝库的作用。

“山屏晚翠”“贺兰晴雪”“万壑松涛”，长期以来都是贺兰山的品牌景致，贺兰山的樱桃谷、丁香沟等则是有名的旅游胜地，其风景不亚于果子沟。更加难得的是贺兰山还有岩画、王陵、庙宇、明长城与烽火台等历史遗址，有“驾长车，踏破贺兰山缺”“贺兰山色望玲珑，虎踞龙盘气象雄”这样的观景体验，再加上高耸叠嶂的山峦、深邃幽静的沟谷、多姿多彩的植物等自然景观，使贺兰山支撑起和内蒙古旅游业的半壁江山。

4.1.3　贺兰山历史环境信息片段及评议

贺兰山及其周边区域的历史人类活动和历史环境状况的文献记录比较贫乏，相关的研究和文物的发现与挖掘也比较缺乏。所以，这里只能根据收集到的有限历史信息片断和个人研究，谈谈个人的认识和理解。

4.1.3.1　人类活动信息

中华民国时期的学者叶祖灏在《宁夏纪要》一书中有很多论及贺兰山及其周边区域人类活动与自然环境关系的内容可供参考借鉴，如“高山积雪，成为雪田冰川，可供山麓农业灌溉之需，而自成局部之农业区域”“戈壁区雨量稀少，水甚缺之，一切人类活动，全视井泉之分布而定”“有沙之处，地下水位较高；无沙之地，得水必无希望”等。

分析历史资料可知：

（1）对贺兰山两侧井灌绿洲的开发，使多数井泉干涸。

（2）贺兰山山麓依靠冰雪融水的农业区面积在 20 世纪 80 年代以前成倍扩大，此后萎缩，进入 21 世纪后，通过引来黄河水而形成新的扬黄灌区，使原来的井灌绿洲变成扬黄绿洲，灌溉面积显著扩大。

（3）近半个世纪以来，贺兰山周边治沙成功的片区往往就是地下水位较高的积沙区，但是沙地一旦治住，地下水量和水质条件反而整体恶化。

4.1.3.2　历史植被和物产信息

根据《元和郡县图志》卷四“灵州·保静县”的记载：“贺兰山，在县西九十三里。山有树木青白，望如駮马，北人呼駮为贺兰。”[①]《宁夏府志》(乾隆)卷三“地理”记载，贺兰山“山口内各有寺，多少不一，大抵皆西夏旧址。元昊宫殿遗墟，断壁残垣，所在多有，樵人往往于坏木中得钉长一二尺”。同卷记载贺兰山已是“山石少土，树皆生石缝，山后林较山东犹茂密。明弘治时，尝禁樵采。我朝百余年来，外番宾服，郡人榱桷薪樵之用，实取材焉”。另据吴广成《西夏书事》：“而所居当绥州要路，德明部族出入多为擒戮。及德明归顺，移牒求岩等复还，真宗难之，颇严边禁。德明请置榷场于保安军，许蕃汉贸易。朝议从之，令以驼马、牛羊、玉、毡毯、甘草易缯帛、罗绮，以密蜡、麝香、毛褐、羚角、硇砂、柴胡、苁蓉、红花、翎毛易香药、瓷漆器、姜桂等物，其非官市者，听与民交易。”

分析历史资料可知：

(1)西夏时期可能是贺兰山森林退化的转折点，西夏时期割据政权的大兴土木难辞其咎，历代薪柴樵采的破坏也很大。

(2)贺兰山是东西不对称的山地，东侧断块发育，山形陡峭，土被和林草植被总体不如相对和缓的西侧好，自古以来即如此，但人类活动不是主要作用因素。

(3)根据岩画和历史文献反映出的贺兰山大型兽类有虎、狼、豹、鹿、岩羊等。

4.1.3.3 历史自然灾害信息

夏普明等编著的《中国气象灾害大典：宁夏卷》，将有史以来尤其是明清以后的贺兰山周边自然灾害进行整理辑录，在这里摘引几条以供参考。

唐贞元二年(786年)宁夏府(今宁夏回族自治区北部)春旱。

宋明道二年(1033年)宁夏府、固原旱。

明洪熙元年(1425年)五、六月，宁夏等卫雨水伤麦豆，所收子粒不及半。

明成化八年(1472年)边地旱寒，冻饿死亡相继。

明万历十三年(1585年)宁夏府大水。

---

① 駮即“驳”。

明万历十四年(1586 年)宁夏亢旱，河以东赤地千里，河以西青苗弥望。

清乾隆三十四年（1769 年）宁夏、宁朔等水旱霜雹灾民。

清乾隆四十四年（1779 年）宁夏、宁朔、平罗等十七州县厅本年雹水霜灾饥民。

清乾隆五十六年（1791 年）平罗灵沙等堡沙压地亩。

清嘉庆二十四年（1819 年）六月间阴雨过多，山水涨发。平罗、宁朔二县，因大雨如注，湖水陡发，淹没田禾。

民国十三年（1924 年）春夏，惠农地区干旱，牧草枯死，牛马羊饿死三至四成，井水干枯，夏秋作物旱死，人吃野菜为生。

民国二十二年（1933 年）磴口县凌汛决口三百余里，一片汪洋；六月初，宁夏阴雨连绵，山洪暴发，波涛肆虐。

1960 年以来，贺兰山共发生较大的山洪 40 余次，西干渠东堤决口累计 236 处，一些厂矿企业、机关、学校及农场被淹，特别是民用机场几次被淹，最严重的一次被迫停航 40 天，损失很大。为解决贺兰山山洪的危害，1984 年以后，宁夏平原修建拦洪库 7 座，滞洪区 10 处，二次调洪区 6 处，设计总库容量 9982.2 万 m^3。

上述历史自然灾害信息表明：

（1）当自然界的各种异常现象对人类构成危害时才成为自然灾害。

（2）贺兰山两侧的自然灾害类型主要有水、旱、霜、雹、干热风、凌汛等。

（3）贺兰山东坡全长 180 多千米，有大小山洪沟道 156 条，但因山地植被稀疏，岩石裸露，风化强烈，山坡陡峻，谷峡幽深，沟道纵比降大，加上山前洪积平原面积大，地区降水汇流形成山洪，其特点是洪峰高、历时短、洪量小、突发性大，严重威胁着沿山地区的安全，银川市和工业重镇石嘴山市大武口区受灾风险最大。

4.1.3.4　历史生态环境保护信息

《西夏图略序》中有记载：“贺兰山者，雄恃西北，固谓藩篱。”“层峦迭嶂之间，旁蹊罅道，在在有之。陵谷变迁，林莽毁伐，樵猎蹂践，浸浸成路。”《明英宗实录》中记载的贺兰山是："林木深翳，骑射碍不可通。"在《论边务奏对》中有记载："役使军夫于贺兰山采打木植，烧造砖瓦一月有余……夫官军本以应敌，令其供防护之役，以修理衙署之事，可乎？贺兰山乃天设险隘，在山树木欲茂密，以遏贼骑奔冲。近年，官豪军民任意砍伐，以致空疏，贼马易为出入，官司正当严禁。本官乃行拨夫砍伐，以致官属下乘机伐取，不啻数倍。自撤其险，何以为守？"

评议：

（1）贺兰山上林森茂盛的地方主要在沟谷一带，这些地方也是狩猎采伐的重点地段，各种通道也随之形成和发展，继而使采伐活动更甚。

（2）及至现在，贺兰山主要沟谷的植被仍然需要通过封育才能有所恢复。

（3）过度砍伐还会使得贺兰山的防御功能受到严重影响。

4.1.3.5 历史气候变化信息

根据璩向宁和汪一鸣的研究，隋唐时期的宁夏经历是一个小暖期，宁夏一带当时的年平均气温较今天高 0.5～1℃，而 10 世纪到 12 世纪，气候较为干凉，旱灾频仍，贺兰山的积雪较今持久，且有夏季山上降雪的现象。西夏的《天盛律令》卷十九"畜利限门"中有记载："贺兰山有牦牛处之数，年年七八月间，前内侍中当派一实信人往视之，已育成之幼犊当依数注册，已死亡时当偿犊牛。"《圣义立海》中记载西夏时的贺兰山"冬夏降雪，日照不化"。杨蕤的研究表明西夏时期不仅存在明显的早霜现象，而且河流封冻期较早。

评议：宋夏时期，处在西夏国腑地的贺兰山，受到人类活动的强烈影响。这个时期也是气候波动周期中的冷干期，雪线高、积雪周期长，贺兰山区适宜养殖耐寒牲畜，种植业灾害频繁。

4.1.3.6 历史植被变迁信息

贺兰山在大暖期结束之前当有复杂而茂密的森林和灌丛，覆盖了山体大部，树种除今天仍有的油松、云杉类之外，还有冷杉、铁杉、栎类、桦木类等，植物种类组成与现代的暖温带、半湿润地区相仿；大约在距今 4000 年时已形成了与今天类似的植被垂直带结构，建群种与优势种也与现代相差不大，但当时林区的范围要大得多，森林分布下线高度要比现在低 300 m 左右，树线也应该比现在高，即使是现在仍有"伐桩有达分水岭者……树龄不乏四五百年者"的现象。贺兰山南段及卫宁北山，目前几乎没有天然森林分布，但据景爱等的研究，秦汉以前似应该有树木森林。今天的贺兰山林带集中在海拔 1900～3100 m，而在贺兰山山脚，几乎望不到林带。

贺兰山成规模的植被破坏当始于西夏。从西夏太宗李德明时代修筑兴州开始（1020 年），贺兰山就是伐木场所。至李元昊将兴州升为兴庆府后，更是“广宫室，营殿宇”，之后在贺兰山修建了离宫，“导山之东营离宫数十里，台阁高十余丈”。西夏时期，除建筑用材以外，“伐木编筏”的圆木、宫室取暖的薪柴、修建陵寝和祭祀殿堂的木材乃至修渠冶矿等其他行为所需的木材，大多取自贺兰山，从而就给贺兰山原始森林造成重创。由此推测，西夏时期建筑物中的廊柱为原始森林的巨木。

分析历史资料可知：

（1）西夏时期，贺兰山的天然植被可能受到过严重的破坏，山地森林带表现出上移趋势。

（2）现在保留下来的贺兰山天然林是历史时期砍伐焚毁的最初原始森林天然更新以后形成的。

4.1.4　对贺兰山地生态环境修复的几点思考

基于前文对贺兰山有史以来功能地位的理解和对历史环境信息片段的把握，针对当前贺兰山生态修复问题，笔者不揣冒昧地提出一些问题和不成熟思考，以供读者和生态修复工程的实施者们斧正和梳理。

第一，贺兰山生态修复主要针对矿业用地，修复对象到底是土地（地形）、植被类型、植被覆盖度、生物量、生物多样性、生态系统稳定性中的哪一项？抑或所有？抑或不同阶段各有目标？贺兰山生态修复的内容应当按照生态系统自身发育规律而进行阶段分异，亦步亦趋，最后以被修复土地稳定并有自我衍存的生物群落为高端目标。

第二，贺兰山植物修复的目标如何确定？贺兰山生态修复的重点区域基本都在低山区和中低山区，这些地段的地带性植被或是荒漠，或是荒漠草原，或是灰榆疏林草原，这 3 种植被类型从植被覆盖度和景观效应来说，相对于灌丛、草原、森林而言，都是不尽理想的。根据笔者的初步调查，对植被修复的目标有修复如旧、修复一新和适度绿化 3 种理念，笔者认为应当具体案例具体分析，因地制宜，充分利用自然之力的植被恢复模式才是上选模式。

第三，对土地整治以后的矿业用地是要进行生态的平均修复还是重点修复？一定要有重点、有针对性地修复。可用12字概括自己的修复理念，即“防风蚀、减水蚀、绿宽谷、保盆地”，具体落实这个理念的工程技术还有待商议。

第四，关于贺兰山地生态修复用水问题，目前主要采用拉水、抽水、扬水等方法解决，普遍认为一旦植被修复了，各种补水措施可以自行减弱乃至撤销。笔者认为，如果前期植物种类选择合理、密度适当，加之注重地形的多样化配置，大概可以如愿，否则的话，植被补水将会成为常态。在以涵养周边水源和生态为核心功能的贺兰山地，保护水资源就是保护生态，长期用客水资源支撑的生态建设与生态修复，理论上是站不住脚的。在贺兰山地的生态修复用水方面，要尽可能地压缩扬水修复，发展集水修复模式。

第五，贺兰山地既有东西阵列的各级夷平面，又有南、北、东、西更替分布的道道沟梁，是一个复杂的生态系统。贺兰山地对于河套地区或者广大的蒙宁甘三角地，都是“山水林田湖草沙”区域生命共同体中重要的组成部分。习近平总书记指出，山水林田湖是一个生命共同体，人的命脉在田，田的命脉在水，水的命脉在山，山的命脉在土，土的命脉在树。贺兰山是山前地带水源的命脉，其山体越是石质裸露的地段，泉水发育状况越好，这可能与水分沿裂隙下行有关，笔者称其为“石山不绿泉水常涌”，这与通常所说的“青山常在绿水长流”是完全不同的两个体系。贺兰山自身的土壤在这个区域既难以形成又难以保存，目前采用的客土引入方式虽然在一定程度上解决了第一个难题，但要使这些土壤保存并与植被形成稳定的内生体系，抵抗风、水两种外营力的强烈侵蚀，远不是工程措施能一蹴而就的。贺兰山的生态修复一定要立足生命共同体理念，遵循自然规律，统筹设计统筹规划统一修复，以求得整体生态效益和社会效益的最大化。

4.2 宁夏平原地下水资源开发与生态环境保护

4.2.1 研究背景

宁夏平原位于宁夏北部沿黄生态经济带，宁夏生态环境保护的首要任务之一是打造宁夏沿黄生态经济带，但宁夏平原三面环沙漠，干旱少雨、缺林少绿，是典型的生态脆弱区，因此它面临着发展经济和保护环境的双重压力。

从国家层面来说，习近平总书记在宁夏视察时指出，宁夏作为西北地区重要的生态安全屏障，承担着维护西北乃至全国生态安全的重要使命。宁夏平原作为著名的“西部粮仓”，素有“塞上江南”的美称，其生态建设和经济发展之间的矛盾，有一部分聚焦到了对水资源的合理开发和利用方面，所以只有控制好水资源的开发强度，加强水资源利用的合理性，加快构建一个生态经济体系，才能推进人们的生产和生活方式向绿色低碳的方向转型。

水是重要的生态因子，宁夏平原地下水系统影响着这一区域的表生生态的格局，包括维护地表植被的生存和演化，维持河流的基流量，维持湖泊、湿地的水域面积，甚至包括对地表温度的调节。就宁夏平原来说，从山前到平原，不同的地下水水位埋深控制着地表形成不同的植被类型。在宁夏平原的山前地下水埋深较大的时候，植被基本上以一些低矮植物为主；向东随着地下水埋深的逐渐变浅，植被类型也逐渐向高大植物过渡；到了东部平原区，基本上地下水埋深小于 1 m（或 1～2 m），开始出现一些湖泊和湿地。地下水位也控制着宁夏平原生态环境，当地下水埋深过浅时会引起盐渍化，一般在小于 1.5 m 的地方盐渍化加重。不同的植被适宜生长的地下水位也是不一样的，乔灌木一般生长在地下水埋深 3～5 m 的地方，地下水位埋深为 5～8 m 时就是其生长的警戒水位，当地下水埋深为 8～15 m，乔灌木基本处于衰败的状态，当地下水深埋大于 15 m 处，生态系统就开始退化。此外，地下水的水质还会影响人体健康，宁夏平原的大部分地区都是以地下水作为饮用水水源，如果地下水中的一些离子超标，那么长期饮用就会对人体健康产生影响，如引发氟骨症、氟斑牙、大骨节病等地方病。

面对经济社会发展过程中的水文地质问题，宁夏回族自治区水文环境地质勘察院以地方需求为出发点，以实际问题为导向，立足生态环境保护，通过研究地下水和生态效应的一些关键问题，希望能够达到水资源的有效节约利用，并从水资源的角度提出沿黄生态经济带关于生态环境建设的合理化建议。

4.2.2　宁夏平原地下水的内在特征

基于以上研究背景，需要了解整个地下水的内在特征，银川盆地相当于一个盆，盆里面承载了很多沙子，那么沙子里面填充的是水。所以要想了解好这个情况，我们要知道它是怎么样的。利用以往的钻孔数据、勘探数据，通过多元异构融合数据方法，构建地层结构模型（主要是地下水储水空间模型），最深达到了1400 m 左右。

了解了地下储水空间后，需要继续了解地下的清水来自何处。通过水文地质工作者对几十年的工作总结，宁夏平原 80%的地下水来自垂向上的水力补给，包括田间灌溉水入渗补给和渠系渗漏补给，少部分的水来自西部贺兰山的侧向径流补给、东部鄂尔多斯地台侧向径流补给，还有一些贺兰山山前洪水的散失补给。另外，局部地区和黄河、地下水之间也存在着水量交换。

将 20 世纪八九十年代的相关数据与 21 世纪初的数据做对比，银川的地下水资源量发生了很大的改变。20 世纪 90 年代，银川的地下水资源补给量达到 23.66 亿 m^3，但是 21 世纪银川的水资源量在逐渐减少，2014 年银川的地下水补给资源量大约为 14.5 亿 m^3，减少的主要原因首先是 80%来自垂向上的补给减少。但是银川市引黄水量，从 20 世纪 90 年代的 62.23 亿 m^3 到 2016 年的 38.06 亿 m^3，减少了约 24 亿 m^3。银川引黄水量都是政府调控，受水价改革以及节水型社会建设等的影响，引黄水量减少，直接引起地下水补给资源量减少。其次是渠系衬砌，人为活动会直接阻断地表水、地表渠系和地下水之间的联系，渠系衬砌率在 20 世纪 90 年代是 1.77%，到 2013 年左右达到了 33%。最后是种植结构的调整，水田的种植面积从 20 世纪 80 年代的 10000 hm^2 到 2014 年下降了将近一半左右。以上这些因素共同造成了宁夏平原地下水补给资源量的减少。

4.2.3 水资源变化引起的生态效应分析

水资源变化引起的生态效应最直接的表现是地下水位下降。以银川为例，对 20 世纪 80 年代和 2018 年的水位埋深进行对比发现，2018 年水位埋深大于 3 m 的面积大幅增加，基本上银川大部分地区的水位埋深大于 3 m。过去，银川的水位基本上是 1～2 m、2～3 m，但是现在基本上水位埋深都大于 3 m。

地下水位下降对湖泊湿地造成影响较不明显。宁夏平原因湖泊遍布，被称作“塞上江南”，对 20 世纪 30 年代、40 年代和 90 年代，以及 2010 年左右的田间渠系和湖泊进行对比分析发现，2010 年的湖泊都是因渠系灌溉后水排不出，又在低洼的地方汇集而成的地表水体。湖泊的面积有所增长，但这种增长的情况不是由地下水富集导致的，地下水位下降没有引起湖泊面积萎缩的直接原因可能是人工补水的增长。自西向东对山前拦洪坝、阅海湖、典农河和清水湖进行分析发现，除山前拦洪坝在丰水期可以接受山前地下水的补给外，中部的阅海湖、典农河和清水湖都是在向周围地下水渗漏的，现在属于人工补给型湖泊。

地下水位下降引起的另一个生态效应是盐渍化程度有所降低。通过分析 2000 年和 2017 年银川的盐渍化遥感数据可以看出，2017 年轻度盐渍化的面积大幅度增加，中度和重度盐渍化的面积大幅度减少，这是水位下降引起的一个好的生态效应。

地下水位下降对地下水水质产生了一定的影响。对比 2004 年和 2014 年地下水的部分离子发现，在银川市和石嘴山市的几个水位下降区，地下水中的硝酸根离子和氯离子浓度呈增加的趋势。代表离子硝酸根离子在深层地下水中浓度的升高说明水位下降对水质会产生一定的影响。

立足生态环境保护，结合地下水在维持社会经济发展、生态平衡及人类健康等方面的关键作用，根据“地面控制”（通过对区域的整体，运用遥感解译、综合研究的方法，构建三维结构模型）、“剖面精研”（建立野外不同尺度地下水循环监测剖面）和“点上突破”（建设地表水体与地下水关系研究点及场地尺度原位试验场）的原则开展工作。

地下水作为一个流体，它在地面以下的地层中是不断循环的。宁夏平原中部青铜峡市、中部银川市及北部石嘴山市的地下水具有不同的循环模式，其控制因素也不一样，研究人员建立了 3 个剖面，分别进行研究。此外，研究人员建立了一个宁夏水与环境野外科学研究观测站，观测站包括气象要素试验区、水面蒸发试验区、均质及非均质介质水分传输试验区，之后可长期用于开展“多尺度—多要素—多界面—多过程”的野外监测和研究工作，支撑宁夏“生态保护红线，环境质量底线，资源利用上线”规划的落地实施，服务国土空间规划、城市建设规划及产业布局。

以银川（1 号剖面）为例，剖面从西部贺兰山一直到东部鄂尔多斯台地，全长 60 km^2，依次贯穿了贺兰山山前洪积倾斜平原、三级阶地、二级阶地、一级阶地、河谷平原、黄河漫滩 6 个地貌单元，贯穿了宁夏平原中部东西走向的山前荒滩、湖泊湿地、灌溉耕地和河流湿地，同时贯穿了宁夏平原中部的代表性湖泊——阅海（天然—人工复合型湖泊）。共选择了 60 个不同深度的钻孔来控制整个剖面地下水的流动过程。然后结合水动力场、水化学场的数据以及同位素、数值模拟等技术，对整个剖面水的流动过程展开了综合研究。

通过水化学分析和水质化验发现，在贺兰山前平原地下水基本上是受溶滤作用控制，向东径流的过程中，逐渐转化为受蒸发作用控制，剖面能够代表宁夏平原中部整个水循环过程。通过水化学分析可以看出，从补给区到径流区，地下水的水化学阳离子由以钙离子为主逐渐转变为以钠离子为主，水质逐渐变差；也可以看出水径流条件是西边山前径流条件好，但是到东部平原区径流条件逐渐变差。

通过同位素分析发现，自贺兰山径流入渗的深度大概是 300 m 的范围，离地表层 50 m 以上的水主要是受田间灌溉水的影响。

基于以上数据和分析，可以绘制宁夏平原中部水循环模式，但现在的研究只是一个定性的研究，下一步工作可以从以下问题入手：①贺兰山对宁夏平原西边山前区域的影响有多大；②在西边山前区域的开采对贺兰山的生态环境影响程度到底是多少；③建立一个阈值或一个范围，回答应该如何开采才能不影响贺兰山生态植被的良性发展。

基于对剖面的研究能够为整个水资源合理开发提供一个合理规划，剖面刚好经过了银川市的北郊水源地和东郊水源地。通过对东郊水源地开采情况和水位变化的长期监测，可以看出东郊水源地的开采深度是 100～250 m，深层水位的动态变化与浅层的基本上保持一致，也就是说在开采深层地下水的时候，上部的水会随着它一起下降，说明它上层、下层水位联系比较密切，并且没有一个连续的隔水层。因此，如果对东郊水源地进行开采可能会对表层生态环境产生影响。运用遥感技术，对 1992—2010 年的（湖泊）地表水体做遥感解译可以看出，天然水体明显在逐渐减少，到 2018 年的时候地表水体已经很少，也就是说随着水源地的开采，会影响地表水的面积，表层生态环境直接会受影响。如果考虑到南水北调西线工程的实施，水源规划的调控就需要增强生态意识，保证表层生态环境稳定的情况下提供一个合理的地下水开采量。

北郊水源地的开采深度也是 100～250 m，在它周围的水位变化：深部水下降的时候，离地表层 50 m 以上的水位基本上处于平稳状态，说明下部的开采不会对上部的水位产生大的影响，由此认为北郊水源地深层开采可能不会对表层造成影响。研究人员做了一个概念模型，揭示了北郊水源地的水来自山前的一个侧向补给，所以如果要保护北郊水源地，应该保护对应的贺兰山前补给区的地下水。

东郊水源地地下水基本上是来自上部地下水的补给，要想维持东郊水源地的长期开采情况，就需要加大水田种植面积，但是需要注意在生态红线范围内的污染防治，保护区内的湖泊只能依靠人工补水来维持。

对南郊水源地进行分析可知，南郊水源地地下水既受到上部水的补给，也受到侧向水的补给，所以对它的保护是既要维护好上边的农田灌溉，也要保护好侧向补给区。

分析整个剖面的水质情况可知，山前洪积平原面西部的水质都比较好，但是靠近剖面东部的水质比较差。

银川市有很多水源地，包括南梁水源地、东郊水源地、南郊水源地、北郊水源地、贺兰县水源地等，综合分析后建议进行统一规划，并选取一些后备水源地。

在距离阅海湖边 1 km、2 km 和 6 km 的地方，进行钻孔来控制这一区域地下水的流动过程，同时结合水动力场、水化学场和同位素数据，以及它们水位之间的响应关系，它们之间的一些相关性动态开展分析可知，阅海湖和周围地下水，在平面距离为 1.5 km、地下垂直距离为 5 m 深度范围内受阅海湖影响。因此，从保护阅海的湖角度来看，需要加强该范围内的稻田种植，通过抬升这一范围内的地下水位，维持湖泊面积的稳定。

4.2.4　水资源管理及生态保护建议

基于以上情况，目前的工作还有以下问题需要解决：地表水和地下水研究的脱节状态；水资源评价参数亟须更新与校核；不同的水位埋深、不同的灌溉方式，地下水水力联系会改变，导致水文地质参数其实都是不一致的；关于引黄灌区的绿洲生态系统和地下水的关系研究不足；缺乏资源承载力和水资源优化配置的研究；地质环境变化对土壤盐渍化的一些影响也尚不清楚等。为此建议：

第一，指导地下水的合理开发与调控，以及贺兰山的整体保护工作。

第二，加大节水技术的应用以及对水资源调配的研究，包括实施节水灌溉，研究宁夏平原水田面积的生态阈值。

第三，地下水基本上控制了整个生态的格局，通过开展对地下水埋深、水质和土壤含盐量等的研究，指导生态环境调控。

第四，宁夏地区气候变化，会对整个环境产生怎样的影响，也是未来要开展的一些工作。

第五，坚持长期数据积累，为制定环境保护相关政策、水土修复相关标准等提供基础数据和技术支撑。

4.3 贺兰山浅山区生态治理转型及可持续发展问题

近年来，对贺兰山地区煤、铁和镁等丰富自然资源的开采，严重破坏了该地区的自然环境和生态环境，这促使宁夏开始采取补救恢复措施。

2017 年年初，宁夏排摸了贺兰山国家级自然保护区内所有人类接触过的地点，包括墓地、矿区、旅游设施和废弃矿井。共有 169 个场址（包括 110 矿井）列入环境恢复清单。

4.3.1 煤矿企业生态治理转型的思考

（1）生态效益和经济效益是煤矿企业生态转型的关键。要在贺兰山浅山区建立完善的生态系统自我修复功能，逐步推进修复工作。矿山修复是个十分复杂的工程，其最主要的工作包括土壤改良（客土进入），适宜该生态带的种质资源（草种及苗木），完善植物供水系统，完善管理系统。

（2）可以利用廉价原材料，生产堆肥，为生态治理提供保障。使用大量的玉米（谷物）秸秆、稻草、谷糠、牛（羊、鸡）粪、腐殖酸（菌肥）等材料制作堆肥，为植物生长提供养分，提高土壤肥力。这样一来，促使煤矿企业向当地农民大量收购秸秆、稻草、谷糠、牛（羊、鸡）粪等原材料，并雇用大量当地劳动力，有利于助农增收，变废为宝，加快当地经济发展。

（3）扩繁草种，快繁林木种苗，稳步推进贺兰山生态修复保卫战。一方面，由于贺兰山种植资源的生态性和局限性，外来物种不易成活，另一方面，当前我国正在大力发展生态文明建设，特有的乡土草种和部分灌木种苗特别稀少，市场需求量很大。因此，煤炭企业在生态转型时要加强人才引进，同社会上专业的草业公司、种苗生产企业合作，繁育高质量草种，快繁培育灌木种苗，使之形成工厂化生产模式，满足贺兰山生态修复的需要，服务社会，承担企业的社会责任。同时，要关注国家财政政策性扶持项目，如优质牧草紫花苜蓿种植的扶持项目等，紧扣绿色、生态、优质、高端、提质、增效融合发展的思路，积极参与项目，提高经济收入，服务社会。

4.3.2　煤矿企业生态治理可持续发展的思考

（1）人工建立的每个单元之间，必须是相互依存、正相关的循环促进关系。只有这样，每个单元之间才能传递正能量，形成可持续发展的循环经济链。

（2）加强对煤矿企业生态治理的可持续发展的研究，可为煤矿企业边生产边治理煤矸石提供成功的试验示范模式，从而为煤炭企业主导产业发展提供护航保障，走高效、绿色煤炭企业之路，达到生态治理转型的目的；同时可以打造生态旅游观光、科普教育、矿区员工拓展培训及休闲娱乐场所，不仅能充分利用土地资源，而且能为社会提供部分就业岗位。

第5章 自然保护地体制机制改革与国家公园建设

5.1 宁夏自然保护地体系建设及体制机制改革

5.1.1 建立自然保护地体系的背景

国家公园是指由国家批准设立并主导管理，边界清晰，以保护具有国家代表性的大面积自然生态系统为主要目的，实现自然资源科学保护和合理利用的特定陆地或海洋区域。图 5-1 为以国家公园为主体的自然保护地体系。

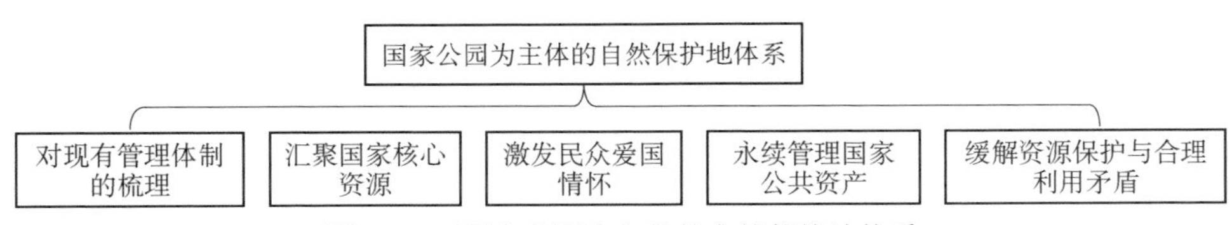

图 5-1 以国家公园为主体的自然保护地体系

2018 年，习近平总书记在全国生态环境保护大会上的讲话中提出，生态环境没有替代品，用之不觉，失之难存。

生态文明建设是中华民族永续发展的千年大计，党的十八大把生态文明建设作为一项历史任务。中国共产党第十八届中央委员会第三次全体会议（中共十八届三中全会）提出，建立国家公园体制。习近平总书记在党的十九大报告中指出，改革生态环境监管体制……构建国土空间开发保护制度，完善主体功能区配套政策，建立以国家公园为主体的自然保护地体系。

（1）“绿水青山就是金山银山”是生态文明建设的重要理念。2015 年 3 月，中国共产党中央政治局审议通过《关于加快推进生态文明建设的意见》，将“坚持绿水青山就是金山银山”写进了中央文件，成为中国生态文明建设的指导思想。2017 年 10 月，党的十九大将“必须树立和践行绿水青山就是金山银山的理念”写入大会报告，罗尚华、高馨婷在“求是”网站上的一篇报道中提到，“绿水青山”指的是结构和功能良好的生态系统，“金山银山”指的是满足人类需求的各种财富与福祉。

（2）我国形成了以国家公园为主体、以国家公园体制为保障，具有中国特色的自然保护地体系。2010 年，《全国主题功能区规划》提出禁止开发区是依法设立的各类自然保护区域；2013 年，中共十八届三中全会提出建立国家公园体制；2015 年，国家发展改革委等 13 部委联合通过《建立国家公园体制试点方案》，确定了北京等 9 个国家公园试点省市；在 2015 年 9 月中共中央、国务院印发的《生态文明体制改革总体方案》和 2016 年 3 月《中华人民共和国国民经济和社会发展第十三个五年规划纲要》中再次强调国家公园体制的建立；2017 年 9 月，《建立国家公园体制总体方案》中明确提出“建立国家公园体制是我国生态文明制度建设的重要内容”，要坚持“构建统一规范高效的中国特色国家公园体制，建立分类科学、保护有力的自然保护地体系”；2018 年，国务院机构改革，组建自然资源部与国家林业和草原局，中央决定将相关部门管理的自然保护区、风景名胜区、自然遗产、地质公园等保护地划转给国家林业和草原局管理。由中华人民共和国自然资源部下属的国家公园管理局统一行使国家公园的管理职责，明确了国家公园主管部门的权责，初步形成了国家公园管理的工作格局。2019 年 1 月，习近平总书记主持召开中央全面深化改革委员会第六次会议，会议通过了《关于建立以国家公园为主体的自然保护地体系的指导意见》，文件中提出要构建国家公园、自然保护区、自然公园“两园一区”的自然保护地新分类系统。至此，我国形成以国家公园为主体，以国家公园体制为保障，具有中国特色的自然保护地体系。

2018 年 5 月 31 日，国家林业和草原局召开全国自然保护地大检查工作部署电视电话会议，下发《国家林业和草原局办公室关于开展全国自然保护地大检查的通知》。根据国家林业和草原局的统一部署，宁夏回族自治区政府高度重视，组成由宁夏回族自治区政府副秘书长为组长，宁夏回族自治区林业和草原局、国土资源厅、生态环境厅、农业农村厅、住房和城乡建设厅、文化和旅游厅等部门为成员单位的全区自然保护地大检查工作领导小组，制订发布工作方案，开展自查摸底和实地调研，较为全面地完成了自查摸底阶段的各项工作。

5.1.2 宁夏自然保护地现状

宁夏地处西北内陆，具有“三带”交汇点的优势，在全国生态安全战略格局中占有特殊地位。宁夏不仅是我国北方防沙带，也是丝绸之路生态防护带，还是黄土高原—川滇生态修复带。宁夏的东、西、北三面分别被毛乌素、腾格里、乌兰布和三大沙漠包围，常年干旱少雨、缺林少绿，是典型的生态脆弱区。所以必须自觉增强生态危机意识，加快构筑西北生态安全屏障。

中国共产党宁夏回族自治区第十二次代表大会将生态立区战略确立为三大战略之一，明确提出打造西部地区生态文明建设先行区，以筑牢西北地区重要生态安全屏障为奋斗目标，从政治、战略和全局高度把构筑西北生态安全屏障的重大时代使命摆在全区发展的突出位置，彰显了自治区党委坚决贯彻落实党中央要求和习近平总书记关于加强生态文明建设的重要讲话精神、全力推进国家生态安全屏障建设的意志与决心，体现了生态环境质量对宁夏发展的重要性，是自治区在新时代开创生态文明建设的重大战略调整。

经调查和收集资料、研究讨论和分类梳理后发现，截至 2018 年年底，宁夏共有挂牌自然保护地 125 个，包括自然保护区、森林公园、风景名胜区、湿地公园、地质公园、国家级沙漠公园、国家级矿山公园和国家级沙化土地封禁区，剔除面积完全重合的自然保护地后，实际上有 64 个。

5.1.3 宁夏自然保护地存在的主要问题

（1）思想认识模糊不清。自然保护地作为高质量的生态空间，是人类不可或缺的绿色生活基础之一。全区各类自然保护地所在地方政府和有关部门对自然保护地的认识有高有低，个别地方政府还没有树立“绿水青山就是金山银山”“山水林田湖草是一个生命共同体”的理念，缺乏生态环境保护意识，导致过度开发利用自然资源，使得自然资源破坏、自然植被退化的现象产生，自然保护地生态保护与经济发展的矛盾日益突出。

（2）“一地多牌”、名不副实。各类自然保护地不同程度地存在“一地多牌”问题，同一自然保护地内既有自然保护区的牌子，还加挂森林公园、地质公园、湿地公园、风景名胜区等牌子。另外，在自然保护地内还有集体土地，这些土地既有农户个体的种养殖经营用地，又有对外承包的旅游经营用地，造成职责不清，权属不明，没有形成统一高效的管理模式，不仅给自然保护地的清理整治工作带来诸多困难，也给日常的巡查管护带来很多阻碍。

（3）多头管理、乱象丛生。宁夏大部分自然保护地为多头管理，且无正式管理机构。正式成立自然保护地管理机构的地区，也存在因同时管理多处自然保护地，而导致保护管理范围过大、任务过重等问题出现。

（4）保护范围交叉重叠。“一地多牌”问题的主要原因之一是各类自然保护地范围交叉重叠。调研发现，宁夏各类自然保护地既存在范围完全重合的情况，也存在部分重叠、交叉重叠的情况。

（5）四至边界尚未确界。宁夏绝大部分自然保护地存在范围界限不清的问题。由于部分自然保护地编制的总体规划未经有关部门正式批复，有些甚至没有编制总体规划等原因，导致自然保护地边界范围不清，使相关管理机构无法对自然保护地内自然资源进行有效管理，违法违规活动也难以得到有效控制。

（6）“一地多证”问题多。宁夏近半数的自然保护地内有集体林地，存在人类活动，当地居民在同一林地范围持有林权证、草原证等，存在“一地多证”的问题，给自然保护地的保护管理增加了诸多不便。

（7）资源管护“步履维艰”。其主要原因：一是保护与开发的矛盾凸显；二是个别自然保护地经批准成立后几乎没有资源管护和有效利用的行为，名存实亡；三是自然保护地的保护管理机构力量薄弱，保护力度不够。

（8）资金投入杯水车薪。绝大部分自然保护地存在因缺乏资金导致基础设施不健全或陈旧不堪、管护站点偏少等问题，自然资源保护管理和服务保障能力整体偏弱。

（9）历史欠账悬而未决。主要原因包括：一是自然保护地原有功能丧失，失去管护意义；二是因历史原因，部分自然保护地跨几个县区，县区之间保护管理合力不够，无法实现有效管理；三是部分自然保护地建立之初就存在土地权属争议，管理主体复杂，历史遗留问题较多；四是部分自然保护地内有大量集体林地和居民，保护与发展的矛盾突出；五是功能区划分不够合理。

5.1.4 宁夏自然保护地体系建设的重点任务

5.1.4.1 构建自然保护地体系就是保卫国家“生态江山”

自然保护地是自然生态空间最重要、最精华的组成部分，是建设生态文明和美丽中国的重要载体。自然保护地包括自然保护区、风景名胜区、地质公园、自然遗产、湿地公园、森林公园、沙漠公园、沙化土地封禁保护区等。

宁夏自然保护地体系试点工作要以问题导向、目标导向、效果导向三个方面为导向，集中解决历史遗留问题，即从现实利益问题、未来发展问题、法出多门问题、综合执法问题、人与自然矛盾问题五个方面切实解决历史遗留问题。

5.1.4.2 宁夏自然保护地体系试点指导思想

牢固树立习近平生态文明思想，坚决把“尊重自然、顺应自然、保护自然”“绿水青山就是金山银山”“山水林田湖草是一个生命共同体”理念贯穿自然保护地整合优化改革试点工作全过程，以保护自然、服务人民、永续发展为目标，以破解历史遗留问题为导向，解放思想、实事求是，依法依规、创新作为，切实转变以部门设置、资源分类、行政区划分设为主的旧体制，建立自然生态系统保护的新体制、新机制、新模式。在深度研究宁夏自然保护地建设现状、功能定位、资源特征、管理目标的基础上，重点整合现有自然保护地类型、边界、范围、功能分区，统一规范自然保护地管理体制机制，开展自然资源资产产权制度改革，推进新时代自然保护地建设，促进自然保护地生物多样性发展，着力建立分类科学、布局合理、保护有力、管理有效的以国家公园为主体、以自然保护区和自然公园为补充的自然保护地体系，为筑牢祖国西部生态安全屏障、建设美丽中国作出“宁夏贡献”。

5.1.4.3 宁夏自然保护地体系建设的总体要求

以“实事求是，因地制宜”的原则进行自然保护地体系建设：

第一，坚持全面保护的指导思想不忘本。良好的生态功能、优美的生态环境是自然保护地发展的根本所在，是一切工作的基础，是贯穿于自然保护地体系建设全过程、各方面的灵魂。自然生态系统具有多种综合服务功能，但首先要提供给人民群众的是优质的生态产品。

第二，坚持独特保护形式的定位不走偏。《关于建立以国家公园为主体的自然保护地体系指导意见》提出，国家公园和自然保护区按核心保护区和一般控制区进行管理；自然公园全域按一般控制区管理，限制人为活动。自然保护区、自然公园要避免“三区管控”的理论影响和制度束缚；相对于旅游度假区等各类旅游场所，自然保护地要彰显特色，保持或淳朴、或恬静、或优雅的“气质”。 自然保护地体系建设，在建设路径方面要以“营造一方自然净土、打造一片自然风光”为目标；在发展品位方面，为生命守护一片自由的领地，给人们留下一隅回归自然、享受自然的故土，让人们感受到野趣。

第三，坚持因地制宜的发展目标不盲从。要从功能健康的生态板块、传承文化的展示窗口、开展科教的实践基地、新发展理念示范平台四个方面因地制宜，突出特色，而不能只求大而全。

5.1.4.4 宁夏自然保护地体系建设的原则

（1）总体原则。坚持生态优先、依法依规、协同发展，依据自然保护地正常发挥生态功能的空间要素需求，构建面积大小适宜、边界权属清晰、便于有效管控的自然保护地空间格局。

遵循尊重历史，尊重相关利益群体的合法权益，协调处理好同生态保护红线、永久基本农田、城镇开发边界 3 条重大控制线的关系。

（2）基本原则：

第一，坚持严格保护、科学优化。坚持“尊重自然、顺应自然、保护自然”“绿水青山就是金山银山”“山水林田湖草是一个生命共同体”的理念，严守生态保护红线、永久基本农田保护红线建立自然保护地体系，在国土空间规划中统筹落地，以确保自然保护地实有面积不减少、功能不降低、保护性质不改变为底线，对现有自然保护地全面进行整合优化，做到应保尽保，筑牢西部生态屏障。

第二，坚持问题导向、“破立并举”。尊重现实，面向未来，聚焦破解一批历史遗留问题，实事求是、分类施策，构建新型自然保护地生态空间和管理体制机制，使自然保护地空间格局分明、实际管控有力、生态价值提升。

第三，坚持分级管理，分区管控。优化保护体系，明确保护主体，按照以国家公园为主体、以自然保护区自然公园为补充的新型分类体系对各类自然保护地进行功能分区，实行差别化管控。

第四，坚持政府主导，各部门协作。强化各级政府和部门主体责任，实行宁夏回族自治区人民政府负总责，宁夏回族自治区林业和草原局牵头，其他相关部门、地方政府分工协作的工作机制，合力推进以国家公园为主体的自然保护地体系试点工作。

（3）发展定位：

1）突出理念创新、技术创新、模式创新。增强自然保护地体系试点工作的针对性和可操作性，全面摸清各自然保护地的“家底”，科学确定各类自然保护地的定位、属性、功能分区、边界范围，形成分类科学、布局合理的自然保护地体系，努力创建全国自然保护地创新发展示范样板。

2）突出问题导向、目标导向、效果导向。全面梳理破解各类自然保护地历史遗留问题，科学评估，严守生态保护红线，优化提升全区生态空间格局，构建形成以六盘山国家森林公园为主体，贺兰山、罗山、哈巴湖等自然保护区，以其他自然公园为补充的自然保护地体系，努力创建全国自然保护地化解历史遗留问题示范样板。

3）突出机构到位、人员到位、权责明确。以国家公园、自然保护区、自然公园为分类，进行管理体制机制整合优化，逐步形成统一规范、分级管控新型自然保护地管理体制，创建全国自然保护地管理体制机制改革创新示范样板。

4）突出补齐短板、补齐功能、补齐空缺。进一步统一技术标准、统一信息平台，充分应用现代先进智能信息技术，提升各类自然保护地资源保护的管理和生物多样性监测的质量与水平，努力形成全区自然保护地“天空地一体化”监测网络体系，实现宁夏自然保护地智能监测“一张图、一套数、一个平台”目标，努力创建全国自然保护地智慧建设示范样板。

5.1.4.5 宁夏自然保护地体系建设目标

力争到 2022 年，构建形成以自然保护区为重点、以自然公园为补充的宁夏自然保护地体系，实现边界清晰、功能合理、权责明晰、保护有效的新时代自然保护地体系。

建立短期自然保护地体系建设规划：2019 年年底，试点方案通过审核批复，正式启动。争取使宁夏境内首个国家公园试点规划落地。完成各类自然保护区、自然公园功能分区划定和勘界立标。到 2021 年年底，完成各类自然保护区、自然公园管理机构整合归并任务，形成统一规范、分级管控的新型现代自然保护地管理体制机制。直至 2023 年年底，将建立各类自然保护地生物多样性监测体系，形成全区自然保护地“天空地一体化”监测网络体系。

5.1.4.6　实施措施

将从开展自然保护地摸底调查、整合优化自然保护地、开展自然保护地统一确权登记、统一规范全区自然保护地管理体制机制、开展自然保护地生物多样性监测体系建设试点、编制全区自然保护地发展规划和总体规划、确界立标和启动六盘山国家森林公园试点八个方面开展工作。

（1）开展自然保护地摸底调查。组织专业力量对全区各自然保护地进行自然地理环境、自然资源、生态系统、社会经济进行综合科学考察，摸底查清现有自然保护地及其相邻区域自然资源、保护对象、管理基础、社区发展、区域规划等内容。

（2）整合优化自然保护地。坚持尊重历史、实事求是、依法依规，在科学评估的基础上，按照自然保护地分区管控标准，进一步优化边界范围，集中推进多个自然保护地行政分割、地域交叉、空间重叠的整合归并工作。对同一自然地理单元内相邻、相连的各类自然保护地进行合并重组，要打破因行政区划、资源分类造成的条块割裂，按照自然生态系统完整、物种栖息地连通、保护管理统一的原则进行，合理确定归并后的自然保护地类型和功能定位，优化边界范围。按照同级别保护强度优先，不同级别则低级别服从高级别的原则，实现所有“保护地类型唯一”目标，确保自然生态系统的完整性。同步开展自然保护地生态保护红线评估。

（3）开展自然保护地统一确权登记。按照《自然资源统一确权登记暂行办法》的规定，将每个自然保护地作为独立的登记单元，清晰界定自然保护地区域内各类自然资源资产的产权主体，划清各类自然资源资产所有权、使用权的边界，明确各类自然资源资产的种类、面积和权属性质，分析研究自然保护地内全民所有自然资源资产代行主体与权力内容，非全民所有自然资源资产实行协议管理，促进人与自然和谐相处。

（4）统一规范全区自然保护地管理体制机制。以实现全区自然保护地统一规范管理为核心，全面推进现有自然保护地管理机构归整合并；根据自然保护地的保护等级分级，确定管理机构主、次；健全完善管理机构，规范管理职责，优化管理模式，改进监管方式，着力构建分类科学、主体分明、权责对等、保护有效的自然保护地新型管理体制机制。

（5）开展自然保护地生物多样性监测体系建设试点。以提升自然保护地生物多样性为中心，以建设现代化智慧保护地为切入，按照国家林业和草原局的统筹部署，全面开展宁夏自然保护地生物多样性监测的建设工作。按照高标准、专业化、现代化、一体化的要求，集中新建、改造、布设一批野外红外相机设备、立体遥感监测设备，搭建数据集成与分析平台和智慧系统，构建形成自然保护地"天空地一体化"环境监控网络体系。力争三年内实现所有国家级自然保护区生物多样性监测全覆盖，全区自然保护地"一张图"管理。

（6）编制全区自然保护地发展规划和总体规划。对全区整合优化后的自然保护地进行统一规划，增强统一管理、统一建设、统一保护的引领性、系统性。启动新一轮自然保护地总体规划编制或修订工作，按照国家有关部门修订自然保护地总体规划编制标准和要求，对自治区整合优化后的自然保护地进行全新的总体规划编制，进一步明确各类自然保护地的保护对象、保护目标任务、保护能力建设和生物多样性发展等方面的内容，增强各类自然保护地规划的引领性、科学性、规范性，为建设现代自然保护地体系提供科学指引。

（7）确界立标。以现有自然保护地总体规划为基础，重点解决自然保护地目前边界不清、交叉重叠的情况，保护对象及生境发生变化，在保护地批准之前存在人口密集且人类活动干扰大的生产生活设施，保护地内开展国家或自治区重大项目建设等突出问题。以 2000 国家大地坐标系为基础形成矢量图，运用多方参与、民主协商、现地勘察、协议确认等办法，进行自然保护地原有规划的功能分区、边界范围，重新划定并确界立标。科学确定所有自然保护地的面积、四至边界，力争在 2020 年年底前全部完成。

（8）启动六盘山国家森林公园试点。开展六盘山国家森林公园前期调查研究，争取以宁夏开展六盘山国家森林公园试点工作。

5.1.4.7 关于宁夏自然保护地体系建设的设想

（1）规范属性名称管理。在确保保护对象不发生变化、主要功能不发生调整的前提下，明确自然保护地的唯一属性，采取保留、合并、撤销方式，根据自然保护地命名等级和实际管理对象、范围、功能，分级分类进行保护地名称调整，依法保留一批、合并一批、撤销一批，实现“一个保护地一个牌子、一套人马”，构建布局合理、规范有序、权责对等的自然保护地管理体系。对有明确保护对象、范围、功能的自然保护区优先保留；对命名挂牌、以利用自然资源为主的保护地合并撤销；对命名已久、破坏自然资源程度低且知名度高、影响力大的保护地保留合并。

（2）规范组织管理。按照“国家级—自治区级”的层级分类和“自然保护区—风景名胜区—矿山地质公园—湿地—森林公园—沙漠公园—沙化土地封禁保护区”的类型顺序，采取保留、调整和新设3种方式进行机构设置。已设的管理机构有编制、有科室、有人员、有管护、有保障的，可以维持现状，或根据中央、自治区机构改革方案适当调整级别；已设的管理机构缺编制、少人员、无科室、没保障，且职能交叉、多头管理的，需要重新合并设立；同一区域已设多个管理机构的，以唯一保护地属性，可以合并设立新机构；没有设立管理机构的，按照唯一保护地属性，根据相关批复文件要求设立新机构；依法撤并管辖内保护对象缺失、保护价值丧失的保护地管理机构，将撤并后的人员编制由宁夏回族自治区林业和草原局统筹调剂至其他保护地管理机构或进行遣散。

（3）优化分类管理。根据自然保护地属性、保护对象、保护价值，坚持差异化管理原则，将自然保护地所有权、管理权、经营权分开，采取直接管理、委托管理、合同管理等方式，对不同类型自然保护地实行分级分类管理。

1）直接管理方式：国家级自然保护区、地质公园、风景名胜区、湿地公园和沙漠公园，统一由宁夏回族自治区林业和草原局管理。

2）委托管理方式：国家级沙化土地封禁保护区和自治区级自然保护区、地质公园、风景名胜区、湿地公园、森林公园，采取委托管理方式，由所在地政府统一管理，接受宁夏回族自治区林业和草原局的业务管理。

3）合同管理方式：对各类自然保护地内以利用自然资源为主的现有承包经营主体进行全面清理，根据自然资源权属，分级分类进行合同管理。其中，国家级自然保护区、地质公园、风景名胜区、湿地公园、沙漠公园的资源利用经营活动由宁夏回族自治区林业和草原局统一规范，由各管理机构依法有序委托单一机构进行合同管理，委托管理期限原则上不超过20年，因国家重大战略决策部署，可根据实际情况调整合同管理期限。自治区级自然保护区、风景名胜区、湿地、草原和森林公园等自然保护地，实行第三方合同管理，由所在地政府划定指定区域，按照严格保护、规范利用的原则，委托单一机构开展第三方合同管理，并报宁夏回族自治区林业和草原局备案、管理。

（4）推进边界管理。坚持尊重历史，实事求是原则，采取主管部门、行业部门、属地政府、社区代表、第三方机构联合实地勘测确界的方式，有效地推进各类自然保护地勘界立标工作。采用2000国家大地坐标系，严格按照国务院和各级人民政府批复文件及保护地规划确定的面积、四至和功能区划图开展勘界立标工作，确保自然保护地的范围和功能区界线清晰明确。力争于2020年完成所有国家级、自治区级自然保护区和国家级地质公园、风景名胜区、湿地公园、沙漠公园和沙化土地封禁保护区的勘界立标任务。不在自然保护区范围内的风景名胜区、地质公园、森林公园、市民休闲森林公园、矿山公园参照保护地勘界立标相关技术标准进行。实现功能分区可以从生态系统结构、要素的空间布局，借助自然地形、交通设施等按区域规划管控；或者依据水文、生物或人类活动的季节性变化规律分时段规划管控。

（5）强化环境治理。各自然保护地所在地政府要切实做好各类自然保护地生态环境整治和生态修复工作，完成中央生态环境保护督察、绿盾专项行动中涉及人类活动的环境整治和生态修复任务，确保全部完成各类整治点清理整治、按期销号任务；坚持以自然恢复为主、人工干预为补充，积极引入新技术、新模式，加强自然保护地生态修复，提高自然保护地生态系统自我修复能力，还自然保护地一片绿水青山、秀美容颜；要严格自然保护地资源利用项目的审批，对破坏生态环境、自然资源的露天采矿、挖沙、采石等项目一律停止审批；全面加强自然保护地野生动植物资源保护，集中建设一批重点野生动植物栖息地，实施禁猎工程，禁止在保护地范围内盗猎捕杀各级各类野生动物。

（6）规范资源管理。自然保护地所有森林、草原、湿地、矿产、水、土地等自然资源归国家所有。要加快建立全区自然保护地资源长效管理机制，依法从严保护自然资源。

第一，要强化矿产资源管理。全面开展保护地自然资源确权登记和土地权属变更工作，依法确定各类自然保护地自然资源所有权、管理权、经营权。建立自然保护地矿产资源开发利用联席会议制度，依法对自然保护地内矿产资源的开发利用严格、规范管理。

第二，要规范土地管理。保护地内国有土地统一由宁夏回族自治区林业和草原局委托各自然保护地管理机构管理；保护地内集体土地由各自然保护地管理机构与所在地政府、经营主体采取多方共管、委托管理等方式进行管理。依法承包使用自然保护地内土地的单位和个人，按照统一管理要求，重新与自然保护地管理机构签订承包协议，不得擅自改变土地用途，扩大使用面积。禁止任何单位和个人破坏、侵占、买卖或以其他方式非法转让自然保护地内土地；一经发现，由自然保护地管理机构依法解除合同，全部收回。严禁黄河滩涂、湿地草原、自然保护区土地开荒开垦，已有耕地、养殖场5年内退出；合理利用自然保护地自然资源，允许划出一定区域开展科考观测、生态旅游、生态教育等活动。

（7）增强规划管理。结合习近平生态文明思想和各类自然保护地实际，全面启动新一轮自然保护地总体规划编制工作，集中对新整合后的自然保护地进行现代化、系统化规划编修。自治区级自然保护地规划由所在地林草部门会同有关部门组织编制、论证，经宁夏回族自治区林业和草原局审查同意后，报当地人民政府批准实施；国家级自然保护地规划由自治区林草局会同有关部门组织编制、论证，经国家林业和草原局审查同意后，报中华人民共和国国务院批复同意后由自治区人民政府批准实施。

（8）规范能力建设管理。坚持统筹规划、合理布局、因地制宜、讲求实效的原则，把自然保护地基础设施和能力建设纳入地方经济社会发展规划范畴，科学规划，同步实施，高起点、高标准加强自然保护地基础设施和能力建设，推动自然保护地规范化、现代化发展。建立自然保护地能力建设审批绿色通道，优先保障保护地基础设施建设用地；加快保护地内防火通道、管护站点、智能监测、水电暖等基础设施建设；有效提升自然保护地生物多样性和人文、自然遗迹的保护和管理；积极推进自然保护地清洁能源利用改造工程，对现有管理站点、生产设施进行太阳能、风能、沼气能等清洁能源利用的改造；积极推进自然保护地管护、科研、宣教、办公设施多功能的开发，加快自然保护地智能监测体系建设；高起点建设一批野生动物救护站（中心、点）、珍稀植物繁育圃、地质遗迹保护点、自然遗迹保护点；加快自然保护地标识标牌系统的建设。

（9）改进监督管理。积极引入新理念、新技术、新模式，进一步改进并加强自然保护地监督管理。

第一，强化动态监测。启动宁夏自然保护地科研监测智能化统一指挥平台规划设计，建立全区自然保护区空间信息数据、遥感监测信息、科研资源信息、森林防火监测信息等智能化信息传输、分析、集成体系，推动自治区、市（县）、局、站、点5级信息连通、实时监控，引领全区自然保护地由传统保护向现代保护转变。强化保护地日常巡护，广泛运用卫星遥感等高科技手段开展“天地空一体化”监测，每季度进行一次保护地生态环境遥感“体检”，及时掌握自然保护地生态环境动态变化，做到问题的早发现、早处理，实现自然保护地环境问题全程监控管理。

第二，强化社区共管。加强行业主管部门与属地政府、部门和自然保护地内各类经营主体联合协作，全面推行自然保护地社区共管体制落地。各类自然保护地管理机构要根据保护地管理范围、对象、权属分别与相关属地政府、经营主体签订多方共管协议，建立联系人制度，明确自然保护地内森林防火、资源管护、生态宣传等方面的责任，实现全民参与、共管共护自然保护地的形势。

第三，压实各方责任。坚持依法依规、严格监管，落实地方政府主体责任、保护地管理机构保护责任、行业主管部门管理责任、生态环境监督责任，明确职责所在，对不作为、乱作为的行为进行严肃问责，一追到底，绝不姑息。

（10）强化执法监管。推进自然保护地行业执法改革，建立授权委托综合执法制度，将分属不同部门的执法权集中委托给统一的自然保护地，由自然保护地管理机构进行执法，切实解决执法不力难题。全年开展自然保护地综合执法，始终保持高压态势，严厉打击各类违法犯罪行为。建立自然保护地联合执法长效机制，由各级林业和草原部门联合生态环境、自然资源、公安、检察院、法院等相关部门不定期开展专项联合执法、跨区域联合执法等活动，集中打击破坏森林及野生动植物等自然资源的各类违法犯罪行为。依法追究责任，严肃查处破坏生态违法犯罪行为，依法惩处违法犯罪分子。在全社会形成不想破坏、不敢破坏、自觉保护自然资源的守法氛围。

同时还要持续加大整治力度，提升生态修复技术水平，强化管理体制机制创新，建立生态保护与生态修复科研支撑体系，建立综合监测系统与网络，建立数据集成共享机制，结合景观综合治理，开展生态旅游与生态科普及教育培训活动。

5.2　建立贺兰山国家（地质）公园试点的初步设想

国家公园是国家为了保护一个或多个典型生态系统的完整性，为生态旅游、科学研究和环境教育提供场所而划定的需要特殊保护、管理和利用的自然区域。是我国自然生态系统中最重要、自然景观最独特、自然遗产最精华、生物多样性最富集的部分。国家公园保护范围大，生态过程完整，具有全球价值、国家象征、国民认同度高等特点。

5.2.1　贺兰山的重要性及独特性

5.2.1.1　世界地质博物馆

（1）贺兰山地质演变。宁夏回族自治区地质博物馆温万成等在《宁夏贺兰山地质演化研究》一文中认为，贺兰山的地质历史长达 25 亿年，是世界地质发展史最长的一座山。25 亿年的地质演变，不仅使贺兰山由一片汪洋变为一座奇特的山脉，而且还留下了丰富的自然资源。

约 25 亿年前，贺兰山孕育在一片汪洋中，来自阿拉善和鄂尔多斯两大古陆的泥沙，以及海底火山带来的熔岩，在贺兰海海盆中混合沉积，成为贺兰山最早的海洋沉积物。

约 18 亿年前，阿拉善和鄂尔多斯两大古陆开始相向挤压，贺兰海海底抬升，两大古陆碰撞并由岩浆“焊接”为统一的华北古陆，随着造山运动的进一步发展，贺兰山跃出海面。

距今约 15.5 亿年的中元古界，贺兰山地区断裂为大海，海底沉积了火山爆发时厚逾万米的碎屑岩，形成了贺兰山优势矿种，即石灰岩。这种岩石，质密坚硬，有着“贺兰山脊梁”的美誉。

接下来的几亿年里，几大古陆板块多次反复拉涨裂开和挤压隆升，贺兰山经历了“四起四落”。贺兰石、白云岩、石膏、煤、油气等各种特色矿产，也在宁夏大地上不断沉积形成。还有宁夏最古老的原生生物，即微体古孢子也是那个时期的产物。

7 亿年前的震旦纪，贺兰山地区出现了宁夏最古老的动物，在苏峪口至樱桃沟一带的山路上，捡到这样的一块蠕虫动物化石其实并不困难。震旦纪之前，贺兰山地区经历了第一次大冰期，这时的海底地形崎岖，高底悬殊，气候寒冷，所以在山麓海滨发育冰川，并且形成了与冰川作用有成因关系的贺兰山震旦系地层。

震旦纪大冰期结束后，气候开始变暖，生物也开始繁盛起来，三叶虫就生活在那个时期。海侵作用将一些海洋生物的尸体带到了浅海区，动物残骸里有一种重要的有机物，即磷和其他物质相结合，形成的磷的化合物。那时候，苏峪口地区就是一片浅海区，但海水动荡不止，海洋生物的残骸在地层沉积不牢，苏峪口地区形成的磷矿层很薄且储量有限可能就是这个原因造成的。

中生代时期，宁夏的大地上湖盆广布，恐龙较多。约 1 亿年前，六盘山由湖开始隆升为山，与贺兰山一南一北遥相呼应，相伴守望“宁夏大地”。五六千万年前的新生代早期，印度板块经过长途漂移，撞上了欧亚大陆，喜马拉雅地区开始持续隆升。约 2300 万年前，由于印度板块的深俯冲作用，喜马拉雅及邻近地区剧烈隆升，青藏高原在短时间内初具规模。

（2）贺兰山的地质构成。贺兰山南部的牛首山褶断带、清水河—六盘山褶断带、罗山—云雾山隆起带构成了一系列断层，因而贺兰山是宁夏、内蒙古的主要地震带。贺兰山地层发育比较齐全，化石也比较丰富，自古生代至第四纪地层大都完备，仅缺失晚粤陶世至早石炭世时期的沉积。它应该对应古生界寒武系地层的太古界和上元古界地层，麻岩片、石英岩均现于柳条沟、大武口沟等处。下古生界寒武系的石灰岩、砂岩、页岩发育良好，分布普遍。上古生界则以石炭与二叠纪地层同等发育为特点，被发现在石炭井、苏峪口、石嘴山等地，以页岩、砂岩等为主，并含有煤层。中生界三叠纪地层广泛分布，侏罗纪次之，前者以砂岩、砾岩、页岩为主，为组成山体的主要地层；后者主要见于汝箕沟、古拉本等地，以各种砂岩为主，为贺兰山区主要产煤地层之一。白垩系和第三系地层都不发育。在山前地带和山间低地广泛分布着第四系冲积洪积、风积物和山麓堆积物等。

5.2.1.2 温性世界自然和历史文化双遗产

（1）自然资源。

1）植物多样性。自然条件和植物区系组成复杂多样，形成了山地丰富多样的植被类型，分为 11 个植被型、69 个群系。主要包括寒温性针叶林、温性针叶林、温性针阔叶混交林、落叶阔叶林、疏林、常绿针叶灌丛、落叶阔叶灌丛、旱生灌丛、草原、荒漠、草甸、水生植被、沼泽植被。贺兰山国家级自然保护区植被具有明显的垂直分异、坡向分异和水平分异。已记录野生维管植物 84 科 329 属 647 种 17 个变种。特有植物群落有斑子麻黄群落、内蒙古野丁香群落、贺兰山女蒿群落、四合木群落、蒙古扁桃群落、沙冬青群落、长叶红沙群落。维管植物种类以菊科和乔本科最多，其次是豆科、蔷薇科、藜科、毛茛科、莎草科、十字花科、石竹科、百合科。有苔藓植物 30 科 81 属 204 种，濒危苔藓物种 16 种，其中极危 2 种，濒危 5 种，易危 9 种，主要分布在苏峪口、汝箕沟、黄旗沟。特殊的地理位置及丰富的植物资源孕育了大量的真菌资源，世界性大科真菌有丝膜菌科、口蘑科，分别占贺兰山真菌资源的 18.2%和 27.4%；食用菌占真菌资源 50%以上，药用真菌达 21 种。

2）动物多样性。在动物地理区划上属于古北界中亚亚界蒙新区西部荒漠亚区和东部草原亚区的过渡地带，动物区系成分混杂，既有高山森林动物，又有荒漠草原动物。保护区内共有野生脊椎动物 5 纲 24 目 56 科 139 属 218 种。其中，鸟类 143 种，分属 14 目 31 科；兽类 56 种，分属 6 目 15 科；爬行类 14 种，分属 2 目 6 科；两栖类 3 种，分属 1 目 2 科；鱼类 2 种，分属 2 科。在 218 种野生动物中，国家保护动物有 40 种，其中国家一级保护动物 3 种，有马麝、野牦牛、雪豹；国家二级保护动物 9 种，有马鹿、黑鹳、鹅喉羚、斑羚、盘羊、黄羊、岩羊、蓝马鸡、石貂。

贺兰山为石质山地，土地瘠薄，多岩石裸露，植被类型较简单，植被覆盖度低，为野生动物提供的食物很有限，不能满足野生动物种群数量的迅速增长。而马鹿、岩羊喜食的灌木枝叶和草本植物在贺兰山主要有小叶金露梅、绣线菊、虎榛子、忍冬等，由于野生动物的长期啃食，造成植物的退化和草场的沙化。

3）矿产资源丰富。贺兰山矿藏品种多，分布面广。现已探明有煤矿、硅石、贺兰石、石灰岩、黏土等 26 种矿藏，主要有煤、铁、水泥配料用黏土、陶瓷黏土、耐火黏土、冶金用石英砂岩、冶金用石英砂岩、玻璃用石英砂岩等，尤以煤、硅石、黏土等非金属矿藏蕴藏量大。已探明煤炭储量为 25 亿 t，硅石储量 42 亿 t，黏土储量 1300 万 t，其中无烟煤、耐火黏土、冶金与玻璃用石英（砂）岩查明资源储量居宁夏之首。

贺兰山也是中国农耕民族和游牧民族的交界地带，创造了灿烂的多民族文化，留下了丰富的文化遗产。

（2）历史文化。

贺兰山具有地理位置特殊性，地处中国农耕民族和游牧民族的交界地带，民族迁移十分频繁，在历史上是游牧民族通往中原地区的重要关口，被誉为“朔方之保障，沙漠之咽喉”。众多的谷口平时是贸易交通要道，战时就是兵家必争之地。唐代诗人王维有诗写道：“贺兰山下阵如云，羽檄交驰日夕闻。”用“阵如云”“羽檄交驰”形象地描绘了激烈的战争场面。岳飞《满江红》中“驾长车，踏破贺兰山缺”的名句，也曾激励过众多热血男儿奔赴沙场，报效国家。历史上曾有獫狁、氐羌、匈奴、乌桓、鲜卑、柔然、突厥、回鹘、吐蕃、党项、蒙古等民族在这里狩猎放牧，生息繁衍，创造了灿烂的多民族文化，留下了丰富的文化遗存。唐代韦蟾有诗云：“贺兰山下果园成。”贺兰山间有数个东西向山谷，著名者有贺兰口、苏峪口、三关口、拜寺口等，自古以来就是东西交通要道。山前地带西夏时的历史遗迹丰富多彩，有西夏王陵、滚钟口、拜寺口双塔等名胜古迹，同时也是独特的沙湖风景区。

银川市境内贺兰山东麓，分布着极为丰富的岩画遗存。自 20 世纪 80 年代贺兰山岩画被大量发现并公布于世以后，在国内外引起强烈反响。1991 年和 2000 年，联合国教育、科学及文化组织所属的国际岩画委员会在亚洲分别召开的两次年会，都选择在银川举行。1996 年，贺兰山岩画被国务院公布为全国重点文物保护单位；1997 年，国际岩画委员会将贺兰山岩画列入世界文化遗产名录。贺兰山东麓偏南的西夏王陵被称为东方的金字塔，目前正在申请世界文化遗产。

5.2.1.3 我国西部重要的生态安全屏障

贺兰山对宁夏平原发展成为“塞上江南”有着显赫功劳。贺兰山的生态战略地位十分重要而特殊，它不但是我国河流外流区与内流区的分界线组成之一，也是季风气候和非季风气候的分界线。贺兰山阻滞风沙、提供水源。山体的阻挡，既削弱了西北高寒气流的东袭，阻止了潮湿的东南季风西进，又遏制了腾格里沙漠的东移，使东西两侧的气候差异颇大。贺兰山还是我国草原与荒漠的分界线，东部为半农半牧区，西部为牧区。

5.2.1.4　我国八大生物多样性保护热点地区之一

贺兰山拥有丰富的自然资源。截至 2017 年年底，贺兰山保护区内共有野生维管植物 647 种，苔藓植物 204 种，大型真菌 259 种，其中国家二级以上保护植物有沙冬青、野大豆、蒙古扁桃、贺兰山丁香、四合木、斑子麻黄等。拥有野生脊椎动物 218 种，其中属于国家重点保护动物的有黑鹳、金雕、马鹿、岩羊等 40 种。国家二级保护动物岩羊种群数量达 4.3 万只左右，是世界上岩羊分布密度最大的地区之一。保护区森林覆盖率达 14.3%，活立木蓄积量为 132 万 m^3，占全区活立木蓄积量的 13.3%。

《中国生物多样性保护战略与行动计划》，该行动计划将全国划分为八大生物多样性保护区域，同时还将划分 35 个保护优先区。

全国八大区域分别是东北山地平原地区、陇西平原荒漠区、华北山地地区、青藏高原地区、西南高山峡谷区、中南西部山区、华东华中丘陵平原区、华南低山平原区。

5.2.2　建立贺兰山国家（地质）公园的初步设想

在贺兰山环境综合整治完成后，按照尊重历史、尊重现状、实事求是、科学合理、因地制宜、节约资源的原则，以贺兰山周围海拔 1200 m 等高线以上划定为贺兰山国家（地质）公园四至范围（原宁夏贺兰山国家级自然保护区以贺兰山周围海拔 1150 m 等高线以上为四至范围，贺兰山东麓洪积扇的一些厂矿企业、居民区、工业园区，农林牧生产设施等划入自然保护区，不利于自然保护区集约化管理），在公园内划定 40%的禁止开发区域（严格保护区和生态保育区）和 60%的国家公园为禁止开发区，并勘界立标。禁止开发区域实行最严格的保护，禁止一切开发活动；限制开发区域经主管部门批准可以向公众开放。合并宁夏、内蒙古 2 个贺兰山国家级自然保护区管理局的机构人员，建立由国家林业和草原管理局直接管理的贺兰山国家（地质）公园，集中统一管理贺兰山国家级自然保护区。并将贺兰山岩画，西夏王陵，苏峪口国家森林公园，滚钟口风景区，南寺、北寺旅游区等景区并入贺兰山国家（地质）公园统一管理。成立贺兰山国家（地质）公园管理局，管理局内设机构除正常行政处室外，还应设有承担地质历史、自然遗产研究职能的智库——贺兰山研究院，和承担执法职能的贺兰山国家（地质）公园公安局。同时，可以建立贺兰山地质历史博物馆，作为全民教育基地，免费向社会开放，以保证“全民福利”，确保全民“教育”。

5.2.3 如何管理及有效利用贺兰山国家（地质）公园

5.2.3.1 坚持“生态保护第一”

国家公园的建设是建设生态文明的重要组成部分，始终坚持“生态保护第一”的理念，是生态文明建设的核心宗旨，也是建立国家公园体制的宗旨。贺兰山国家（地质）公园首先要做到涵养水源、保护生态，保护历史遗迹，保护野生动植物和生物多样性。

（1）保护优先。

国家公园区域内的资源和生态系统通常是具有国家或国际意义的景观、生态系统及生物多样性资源，这些自然资源是经过千百年甚至千万年的沧桑变迁形成的，是中华民族的宝贵财富，一旦遭到破坏将造成无可挽回的损失。贺兰山的山体地质结构，贺兰山岩画，西夏王陵，滚钟口，拜寺口双塔，南寺、北寺以及靠近分水岭阴坡、半阴坡的高原草甸，原始森林，都是人类社会宝贵的自然文化遗产，都需要严格保护。贺兰山苏峪口森林公园大门口的贺兰山博物馆内，保存有两段硅化木，是距今 2.8 亿年早二叠纪时期的树木在漫长的地质演变过程中，其体内的有机质硅化而成的。石嘴山市大武口区韭菜沟近年新发现的两段镶嵌在山体中的硅化木，每段长度都在 10 m 以上，直径近 1 m，由当地贺兰山生态博物馆保护起来。贺兰山中的许多岩石大多是经历了 2.6 亿～3.2 亿年的火山活动或地壳隆起形成的，煤炭等矿物资源就是在泥盆纪、石炭纪逐步形成的。尤其是在贺兰山东麓发现了数以万计的古代岩画，它记录了远古人类在 10000 年前至 3000 年前放牧、狩猎、祭祀、争战、娱舞等生活场景，以及羊、牛、马、驼、虎、豹等多种动物的图案和抽象符号，是研究中国人类文化史、宗教史、原始艺术史的文化宝库。因此，建立贺兰山国家（地质）公园的首要功能是生态保护，涵养水源，保护生态系统，保护野生动植物资源，保护岩画、西夏陵等历史文化遗产。杜绝一切与保护目标不一致的开发利用方式和行为，更不能借国家公园之名进行开发区、旅游区建设。

2015 年 9 月，中共中央、国务院印发的《生态文明体制改革总体方案》第十二条明确要求，国家公园实行更严格保护，除不损害生态系统的原住民生活生产设施改造和自然观光科研教育旅游外，禁止其他开发建设，保护自然生态和自然文化遗产原真性、完整性。2016 年 1 月 26 日，习近平总书记在主持召开的中央财经领导小组第十二次会议上明确指出，要着力建设国家公园，保护自然生态系统的原真性和完整性，给子孙后代留下一些自然遗产；要整合设立国家公园，更好保护珍稀濒危动物。

（2）有效利用。

坚持“生态保护第一”的理念，并不是将贺兰山国家（地质）公园体制的功能仅限于生态保护，国家公园除了保护，也强调推动环境教育和游憩。不能为了保护把贺兰山国家公园完全封闭起来。贺兰山国家（地质）公园的严格保护区、生态保育区以及西夏王陵区、岩画区严格禁止人类活动，但是在不影响保护的前提下，可以传统利用区和科教休憩区，进行最大限度的必要设施建设，如贺兰山国家地质公园内的苏峪口国家森林公园，滚钟口风景区，南寺、北寺等景区。同时也要明确，建立贺兰山国家（地质）公园的目的，是加强自然生态保护，维护国家生态安全，而不是旅游开发。如果抱着以旅游开发为主要目的，必然适得其反，对自然生态造成无法估量甚至无法挽回的破坏。这就需要坚持“生态保护第一”的原则，在保护好自然资源的前提下，综合考虑贺兰山国家（地质）公园生态承载力，适度、有限地利用公园资源，努力将贺兰山国家（地质）公园打造成自然资源保护、人与自然和谐的典范，探索可持续发展的新路子。

5.2.3.2　坚持建立“具有国家代表性”的国家（地质）公园

国家公园作为国家所有、全民共享、世代传承的重点生态资源，是国家生态安全的重要屏障，是国家形象的名片。

（1）国家公园区域内的资源具有国家代表性。国家公园的资源属国家所有，其价值具有全国意义。通常来说，国家公园是一国最具代表性的自然美景和文化遗迹，在说明和表达国家遗产特征方面有突出的价值和质量。中国地大物博，幅员辽阔，有丰富的自然资源，5000 年的灿烂历史为我们留下了大量的物质和非物质文化遗产。贺兰山中的贺兰山岩画，贺兰山东麓的西夏王陵也是我国独一无二的自然文化遗产，许多野生动植物资源是干旱、半干旱地区稀有的物种，如石嘴山市麻黄沟有一处面积达 800 hm^2 的四合木（属草原化荒漠强旱生植物，是 1.4 亿年前古地中海的孑遗种）生长区，四合木主要分布在内蒙古乌海市及周边地区，多生于石质低山，沙砾质高、平原及山前洪积扇等地，目前仅存有 1 万 hm^2 左右，被列为国家一级濒危植物，被称为"植物大熊猫"。四合木的主要分布地乌海地区冬季寒冷，夏季炎热，大陆性气候强烈，年均降水量仅 150 mm 左右，地下水位很低，植物种类很少，四合木能在这样的条件下存活并繁衍至今，堪称奇迹。

（2）管理具有国家代表性。国家公园是最典型的、具有国家或国际意义的重要生态系统。贺兰山是西北与华北地区间重要的生态屏障。贺兰山动物区系也十分复杂，具有华北和蒙新区两方面的代表性，已发现的高等动物有 177 种（鸟类占 115 种），其中国家重点保护动物有马鹿、麝、蓝马鸡等 18 种。贺兰山国家（地质）公园的建立，对维持贺兰山生态系统的完整性和稳定性具有重要意义。按照自然生态系统的完整性要求，贺兰山国家（地质）公园会出现跨宁夏、内蒙古的情况，这就需要由国家层面来推动建设和实施管理，由国家林业局管理或者委托宁夏回族自治区人民政府代行管理权，合理界定事、人、财、物的管理权责。建立"具有国家代表性"的贺兰山国家（地质）公园，要有中央财政的直接投入和中央政府的直接管理。中央政府在贺兰山国家（地质）公园设立与运营中起主导作用，国家指定相应机构对贺兰山国家（地质）公园进行统一管理和监督。并从国家利益出发，将贺兰山国家（地质）公园建设作为宁夏、内蒙古社会发展建设的一部分，通过立法、机构设置、公共政策等方式协调解决贺兰山国家（地质）公园保护和发展的各种问题。

5.2.3.3 坚持建立"具有全民公益性"的国家（地质）公园

公益性是国家公园的基本属性之一。贺兰山国家（地质）公园的设立除了要达到“生态保护”的目的外，还应维护公众的利益，给公众提供游憩、观赏和教育的场所。例如，贺兰山自然（地质）博物馆建成后可以免费向社会开放，让全体公民享受国家公园的福利，使民众能够感受自然之美，接受环境教育，培养爱国情怀，促进社区发展。

（1）保证“全民福利”。不能使属于全体国民所有的自然生态资源成为少数人的“摇钱树”，而是要让更多人接触、了解、喜爱国家的自然文化遗产，使人人都能够感受到这种最普惠的民生福祉。因此在制定票价时，既要考虑到景点的生态承载能力，不搞粗放式的“免费旅游”，也要考虑大众的心理承受能力，不能让高票价成为将民众拒之门外的人为屏障。贺兰山国家（地质）公园建立后，其管辖范围内的苏峪口国家森林公园，滚钟口风景区，南寺、北寺旅游区等景区可以降价或免费向社会开放。同时还可以划定区域，免费供人们登山、攀岩，打破现在贺兰山除了旅游景点外，不允许人们进入的封山禁令。

（2）确保“全民教育”。贺兰山国家（地质）公园建立后不仅可以成为科研和科普的重要基地，而且可以成为进行爱国主义教育的最佳场所。通过让人们全身心地接触美丽的自然景观，感受祖国的青山、绿水，激发人们对大自然的爱护之情，让生态保护意识落地生根，让环境保护理念日益增强，从而凝聚全民生态保护的共识，汇集生态文明建设的合力。贺兰山国家（地质）公园建立后，可以考虑将贺兰山岩画，西夏王陵等景区作为全民教育基地，免费向社会开放，通过对祖国瑰丽文化遗迹的深入了解，加强对中华文化知识的进一步感知，使人们更好地了解中国历史文化，进一步提升民族自豪感和国家认同感。

（3）吸引公众积极参与。民众应是贺兰山国家（地质）公园建立的主要受益者。坚持“全民公益性”应加快构建和完善包括家庭、学校、社会等在内的全方位生态教育体系，并通过各类媒体大力宣传国家公园和生态文明建设理念，形成全民监督机制，提高公众认知度和参与度。通过调动公众参与国家公园保护的积极性，让公众主动感受到大自然带来的美丽，进而主动参与保护。同时保障公众对国家公园建设管理的知情权、监督权和参与权，这才是把贺兰山国家（地质）公园建好的充分条件。

贺兰山国家（地质）公园建立后，将坚持生态保护第一、国家代表性、全民公益性的理念。

5.3 贺兰山生态环境的保护与可持续利用思考——基于国家公园建设的视角

5.3.1 研究背景

5.3.1.1 国际背景

国家公园是保护自然资源的重要形式，是为人类提供自然游憩及科普教育的重要场所。根据世界自然保护联盟（IUCN）的统计，截至 2016 年 12 月，全球已建立国家公园 7750 个。截至 2017 年 9 月 27 日，有 100 多个国家（地区）建立了国家公园。2021 年 10 月，我国正式设立三江源、大熊猫、东北虎豹、海南热带雨林、武夷山首批 5 个国家公园。国家公园在保护本国自然生态系统和自然遗产中发挥着积极作用，在科研、教育、休闲、游憩、社区发展、生态保护及资源利用等方面有着不可替代的作用。表 5-1 为主要国家的国家公园建设情况。

表 5-1 主要国家的国家公园建设情况（截至 2016 年 5 月）

国家	数量/个	面积/万 km^2	占国土面积比例/%
美国	59	21.1	2.2
加拿大	44	30.4	3.0
德国	14	0.7	2.0
日本	29	2.1	5.5

资料来源：徐礼文：《国家公园游憩展示区控制性详细规则方法研究》（2016 年）。

5.3.1.2 国内背景

建设国家公园是实现自然保护与协调、建立国家保护地体系的重要举措，同时也符合生态文明建设的要求。图 5-2 展示了中国国家公园体系，表 5-2 为各部门主管的国家级自然保护区数量统计。

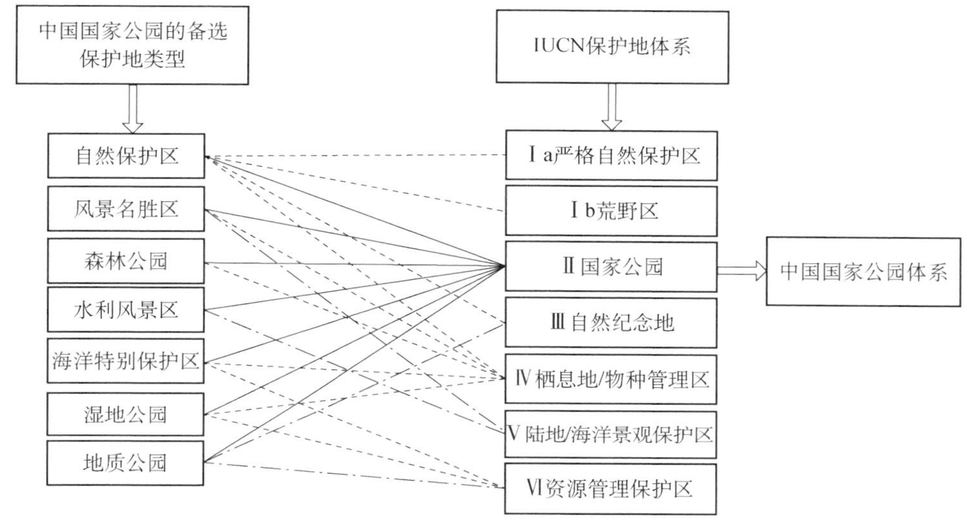

图 5-2　中国国家公园体系

表 5-2　各部门主管的国家级自然保护区数量（截至 2013 年年底）

主管部门	国家级自然保护区数量/个
生态环境部	36
国家林业局	325
国土资源部	14
农业部	16
国家海洋局	14
中国科学院	1

资料来源：周兰芳：《中国国家公园体质构建研究》（2018 年）。

5.3.1.3　区域背景

贺兰山的区域位置与作为分界线的重要性决定了设立国家公园的必要性。贺兰山是宁夏、内蒙古生态立区战略的主要实践场地；贺兰山国家公园的设立符合区域自然保护体系适应国家战略的要求，同时也符合区域人地关系协调发展的要求。

5.3.1.4　宁夏的地区背景

贺兰山国家（地质）公园发展与规划建设适应国际国内时代背景需求，是区域自然保护与人地和谐的战略举措，是宁夏、战略的落脚点之一，也是生态文明思想落地的重要环节与关键载体。贺兰山国家公园规划建设将带来有效保护生态系统多样性、维持生物多样性及文化多样性、促进人地和谐与社区持续发展等效果，其规划建设势在必行。表 5-3 为宁夏回族自治区内国家自然保护地体系。

表 5-3　宁夏回族自治区内国家自然保护地体系

类别	名录
国家级自然保护区	贺兰山、沙坡头、六盘山、罗山、白芨滩、哈巴湖、南华山、火山寨、云雾山
国家级风景名胜区	西夏王陵、须弥山石窟
国家级森林公园	苏峪口、六盘山、火石寨、花马寺、贺兰山
国家级水利风景区	沙湖、青铜峡市唐徕闸、沙坡头、银川市艾依河、石嘴山市星海湖、灵武市鸭子荡、中卫市腾格里湿地等
国家级湿地公园	石嘴山星海湖、银川国家湿地公园、吴忠黄河国家湿地公园、黄河古渡原生态旅游区、青铜峡鸟岛、天湖、固原清水河、鹤泉湖、太阳山国家湿地公园、简泉湖、镇朔湖、平罗天河湾、中卫香山湖等
国家级地质公园	水洞沟、西吉火石寨

5.3.1.5　国外案例的启示

国外对国家公园的管理模式大致有中央集权型管理模式、地方自治型管理模式、综合型管理模式。其中，中央集权型管理模式对贺兰山国家公园建设的启示如下：

在贺兰山国家公园建设中必须高度重视国家公园的立法工作，从国家层面立法，不仅要有针对整个贺兰山国家公园的整体立法，而且要针对不同类型区出台不同的法规文件，适时出台专项法律法规，完善国家公园管理法律体系；实施分区管理制度，针对不同的功能分区，实施不同的管控目标、管控措施；加大政府的投入，建立国家公园建设资金增长机制；要突出贺兰山国家公园公益服务基本特点，通过门票杠杆限制客流量并不合理可行，贺兰山国家公园可以对公众免费开放，但可以收取合理的设施使用费和服务费；建立特许经营管理制度，要加入必须按管理规范严格甄选，其经营权的界限仅限于提供服务如餐饮、住宿及旅游纪念品等，经营者的选择以公开招标的形式征求；注重保护，更要注重平衡，在保护贺兰山资源的基础上，适度开发公园的经济价值，采用市场化的手段，赚取合理的收入，再将收入投入生态环境的保护中，形成良性循环。

5.3.1.6　国内案例

中国台湾经验及已有试点对国家公园建设的经验：园区内外协调、社会参与合作、志愿者服务机制、在园内设立生态管理员制度、国际合作交流机制、特许经营机制、生态移民安置、精准扶贫，改善民生、分区布局管理、生态环境保护、资金管理、土地确权流转。

5.3.1.7　国内外经验对贺兰山国家公园建设的启示

结合国内外国家公园建设经验，针对贺兰山国家公园实情，提出贺兰山国家公园建设的相关政策建议。

（1）在贺兰山国家公园建设中必须高度重视国家公园的立法工作。

（2）实施分区管理制度。

（3）在贺兰山国家公园管理模式中既要有中央政府的参与，同时当地政府和其他社会组织也要积极参与其中。

（4）建立特许经营管理制度。

（5）提高社会及公众参与管理的意识。

（6）在贺兰山国家公园资金管理方面实行收支两条线制度。

（7）贺兰山具有独特的自然和文化旅游资源，把保护环境和发展自然游憩结合起来，在优先保护贺兰山资源的基础上利用和享受资源，适度开发公园的经济价值。

（8）加强贺兰山国家公园与国内外其他国家公园的交流合作，学习其他国家公园的管理经营经验。

5.3.2　贺兰山独特的生态环境与条件

（1）贺兰山位于宁夏与内蒙古交界处，北起巴彦敖包，南至马夫峡子，南北长 220 km，东西宽 20～40 km，主峰亦称贺兰山，海拔 3556 m，呈西北—东南走向。贺兰山地处三大高原，即青藏高原、蒙古高原和黄土高原的交汇处，具有特殊的位置，历史上一直是多民族交流融合之地。

（2）贺兰山地质演化历史长达 25 亿年，太古宙的陆核形成—寒武纪的生物大爆炸—第四纪冰期，贺兰山可反映地球演化历史中的重要阶段，是地球演化重要事件影响的关键区域。同时贺兰山地处我国地质地貌南北中轴的北段，是典型的拉张型断块山地，贺兰山以南是北祁连、秦岭褶皱造山带，北邻内蒙古兴安造山带，西为阿拉善地块，东接鄂尔多斯地块，处于非常重要的大地构造位置。贺兰山是中国北方地质板块代表性地区之一，还具有丰富多样的矿产资源。从这些方面可以得出，贺兰山是我国具有特殊意义的地球演化历史“博物馆”。

（3）贺兰山是东亚季风与非季风的气候分界线，属于温带干旱气候区，具有典型的大陆性季风气候特点，是我国西北地区一条重要的自然地理分界线之一；由于其山势陡峭、地形复杂，山地气候特点明显。

（4）季风气候和非季风气候分野，造就了东侧的农业文明与西侧游牧文明。贺兰山所处的位置决定了其高大的山体影响着大气环流和中小尺度的天气系统，在山区形成了云系和降水过程。复杂的天气系统影响了贺兰山国家公园的植物和动物群落生境等。特殊的气候条件形成了很多的贺兰山天象景观资源优势，如贺兰山云海、贺兰山日出和贺兰山落日。

（5）生态系统多样性与生物资源多样性中心。贺兰山是阿拉善—鄂尔多斯生物多样性中心的核心区域之一。处于三大高原的交汇处，即青藏高原、蒙古高原和黄土高原的交界处。特殊的地理位置，形成了丰富的植物种类、复杂的植物区系组成、多种多样的植被类型，比较完整的山地植被垂直结构和丰富的生物资源。贺兰山是干旱半干旱地区典型的自然综合体和较完整的自然生态系统。贺兰山生态系统主要包括森林生态系统、山地草原生态系统、草原化荒漠生态系统、荒漠化草原生态系统、疏林草原生态系统和小面积的湿地生态系统。所以贺兰山具有重要的生态系统服务功能：保护了珍贵的物种基因；保护了干旱荒漠和半干旱草原过渡区丰富的生物多样性；提供了涵养水源、保持水土等重要生态功能，为银川市、巴彦浩特镇和石嘴山市乃至宁夏回族自治区和内蒙古自治区的生态保护与可持续发展提供了良好的基础和生态保障。

（6）独特多样的文化遗产资源集中地。早在 3 万年前的旧石器时代，人类就开始在贺兰山下、黄河两岸繁衍生息。特殊的地理位置使其在历史上一直是多民族文化交流融合之地，贺兰山在古代是匈奴、鲜卑、突厥、回鹘、吐蕃、党项等少数民族驻牧游猎、生息繁衍的地方，文化遗产成为贺兰山独具特色的亮丽名片。贺兰山保留了贺兰山岩画、长城、西夏王陵、藏传佛教、拜寺口双塔等珍贵的人文景观资源，其中仅重点文化遗址就达 17 处之多，使其具有建设国家公园无法撼动的重要地位，是自然与文化双遗产类地区。

5.3.3　贺兰山资源与生态环境的利用、保护与问题

贺兰山是宁夏天然的生态屏障，是近、现代宁夏建设发展的巨大资源宝库。在新中国成立以来，特别是宁夏回族自治区成立以来，贺兰山成为宁夏发展的巨大资源宝库。特别是宁夏工业城市石嘴山市的发展。它也是宁夏地域文化发展的重要载体与精神象征，“驾长车、踏破贺兰山缺；贺兰岿然、长河不息”都描述了地域文化的深厚底蕴。

5.3.3.1　贺兰山生态环境保护

贺兰山具有两个国家级自然保护区，宁夏贺兰山国家级自然保护区和内蒙古贺兰山国家级自然保护区，共计总面积约 28.20 万 hm^2。1982 年 7 月 1 日，宁夏人大划定贺兰山为省级自然保护区；1988 年 5 月，国务院批准宁夏贺兰山自然保护区为国家级自然保护区；2011 年，宁夏贺兰山国家级自然保护区边界重新调整，调整后保护区总土地面积约 19.35 万 hm^2。内蒙古贺兰山区有组织的经营活动起源于 1953 年的“山后山区管理所”，随后权属、管理机构多次变更，1979 年阿拉善盟归内蒙古以后成立“贺兰山林场”，1992 年内蒙古贺兰山自然保护区被国务院批准为国家级自然保护区，1995 年加入中国人与生物圈保护区网络，保护区面积约 8.85 万 hm^2。

5.3.3.2　贺兰山的生态环境整治

贺兰山东麓地区从 2017 年宁夏开展了“绿盾行动”，人类活动点位清理整治点达 169 处，逐步恢复贺兰山生态环境。目前，工矿企业逐步有序退出，居民点逐渐撤离，农家乐等人类活动密集且破坏生态环境较为严重的重点整治区域也逐渐开始恢复。贺兰山西麓地区自 2017 年 6 月以来启动“贺兰山地区生态环境隐患集中整治攻坚战”，对现有 14 家经营单位的 24 个建设项目进行了全面排查、整治。总体上，贺兰山两侧的环境整治取得良好进展。

5.3.3.3 贺兰山地区目前存在的问题

（1）生态环境脆弱，保护与发展的和谐共生关系之间的矛盾突出。人类活动得到改善，但生态恢复难度大，生态环境脆弱。两区需要资源整合，这个资源整合过程可能会较为复杂，涉及内容繁多，也是贺兰山国家公园发展的挑战之一。

（2）多方管理及多头规划等体制机制现状急需突破。贺兰山在宁夏甚至西北地区的地位十分重要，建设国家公园对宁夏生态环境和社会发展起到重要作用。对于建设国家公园还处于空白领域的宁夏既是机遇也是一项挑战，探索符合贺兰山发展的体制机制对贺兰山国家公园今后朝着什么样的方向发展很关键。

（3）全球气候变化及地方可持续发展诉求。全球气候变化一直是一个全球性问题，任何国家和组织一直致力于遏制全球气候变化。受极端天气影响，各地区生态环境产生各种环境因素，为今后生态环境尤其是人类生产生活造成各种不确定因素。

5.3.4 贺兰山生态保护与可持续利用最佳模式——国家公园

世界上最早的“国家公园”为 1872 年美国建立的“黄石国家公园”。我国从 21 世纪初引入了国家公园概念，开展了国家公园的试点建设。但是我国的基本面积与美国等西方人少地多的国家有较大差异，国外的国家公园功能建设理论与方法，尤其倡导的游憩展示区的规划理论和方法，并不一定适合我国，贺兰山因其生态脆弱性和生物多样性及生态屏障功能，生态保护与可持续利用的最佳模式就是设立国家公园。

5.3.4.1 在贺兰山建立国家公园的必要性

（1）贺兰山是我国重要的生物多样性优先保护区，温带半干旱干旱区重要的生物资源种质宝库。贺兰山是我国六大生物多样性中心之一，北方生物多样性保护优先区域，世界高寒种质资源库，动植物区系复杂。森林覆盖率 57.3%，植物以青海云杉、油松、蒙古扁桃、沙冬青等多达 788 种；珍贵稀有动植物资源及其栖息地，特别是珍贵稀有树种和马鹿、岩羊、马麝等珍稀濒危动物及其栖息地，动物多达 350 种，尤其是珍贵的四合木，作为草原化荒漠的群种之一的强旱生植物，分布在石嘴山市惠农区贺兰山段的落石滩、麻黄沟一带，十分罕见。

（2）国家自然保护地管理体制探索的地方实践。长期存在诸如保护地交叉重叠、管理效率低下、实行分要素管理、生态系统完整性人为割裂等突出的矛盾和问题。这些问题由于存在历史长、涉及部门多、跨行政区域等原因，多年来难以得到有效解决。因此，建设贺兰山国家公园就是要抢抓国家建设国家公园的历史机遇，充分发挥贺兰山的自身优势，解决各种长期困扰贺兰山自然资源保护和发展的难题，从而有序推动自然保护地管理体制改革，为构建地方特色自然保护地管理体制提供借鉴。

（3）贺兰山是我国重要的地理分界线。贺兰山是我国一条重要的自然地理分界线，不但是我国河流外流区与内流区的分水岭，也是季风气候和非季风气候的分界线，削弱了西北高寒气流的东袭，阻止了腾格里沙漠的东移，是我国干旱草原和荒漠草原的过渡地带，特殊的地理位置和多样化的气候条件，孕育了丰富的动植物种质，完整的山地垂直带谱，多种多样的植被类型，成为我国生物多样性六大中心之一，因此贺兰山对我国生态环境的保护具有重要的战略地位。

（4）立足生态保护红线，保障宁夏以及华北生态安全。生态红线作为我国保护国家生态环境安全的生命线，对生态环境保护具有重要的指导意义。2017 年，国务院印发了《关于划定并严守生态保护红线的若干意见》的文件。2018 年 6 月，宁夏回族自治区人民政府印发了《宁夏回族自治区生态保护红线》。公布了 9 个生态保护红线片区，宁夏贺兰山居于首位，属于生物多样性保护和防风固沙的重要区域，而《宁夏生态保护与建设“十三五”规划》中多次表述了贺兰山对宁夏的生态屏障作用。

5.3.4.2 贺兰山建国家公园条件支持

（1）我国罕见的多种文化融合、文化遗产较为集中的分布山体区域。

（2）贺兰山的地质演化、地理环境是具有全球意义的典型地区。

（3）生态文明建设的重要时期：贺兰山国家公园建设将展示我国中西部自然特征与独特历史文化于一体的独特类型国家公园范例，对生态文明建设、推动“绿水青山就是金山银山”理论深入应用具有重要的现实意义。

（4）国家森林公园、自然保护区和风景名胜区等为国家公园发展奠定基础。

（5）世界著名的葡萄酒产区将成为贺兰山国家公园的“亮丽名片”。贺兰山东麓作为世界著名的葡萄酒产区之一，造就了具有很高的观赏和体验价值葡萄酒文化长廊的自然遗产地之一。贺兰山东麓自然禀赋好，地理位置特殊，是我国重要的具有国家地理标志意义的葡萄酒产区之一。贺兰山东麓的日照、土壤、水分、海拔和纬度等独特的地理位置、气候及土壤条件等是世界公认的种植酿酒葡萄的“黄金”地带。2013 年被编入《世界葡萄酒地图》，标志着“贺兰山东麓”产区成为世界葡萄酒产区的重要板块。

（6）丰富的文化遗产，特别是极具神秘色彩且唯一性的西夏遗存是贺兰山国家公园建设的强大文化基础。贺兰山文化遗产极为丰富，远古的岩画、明代的长城与众多的军事遗址、长城等，特别是西夏文化一直在史学界影响久远，神秘多彩的西夏文化最好见证就屹立于贺兰山东麓地区。这些独一无二的西夏文化元素点缀在贺兰山脚，这也是贺兰山国家公园的排他性和唯一性，尤其是中国现存规模最大、地面遗址最完整的帝王陵园之一的西夏陵。具有重要的史学价值与文化观赏、体验价值。

5.3.4.3　贺兰山建国家公园的实施规划

基本思路包括以下七点：

（1）明确发展定位，完善总体布局。

（2）统筹东西麓地区，保持生态系统完整性，实行分区管理及分区管控；研究范围为北起巴彦敖包，南至三关口，东至宁夏 110 国道，西至内蒙古 314 省道。

（3）做好生态系统保护与恢复工作、生态系统原真性保护工作，受损栖息地修复，做到人与自然和谐相处。

（4）做好文化遗产保护，人文与自然景观相得益彰。

（5）发挥科普教育功能，人人共享生态成果。

（6）完善国家公园配套设施，发展智慧国家公园。

（7）建设野生动物监测网，开展保护对象调查研究，做好濒危物种的救护繁衍工作。

具体方案包括以下几点：

（1）发展定位。保护优先，协调共生；统筹规划，智慧管理；社区参与，人地和谐；尊重文化，保护传承；国家主导，多方参与。

（2）总体布局。总体上划分为严格保护区、生态保育区、游憩展示区、传统利用区四大区。同时，在传统利用区内部细分国家公园服务区、引导控制区及传统利用集中区。表 5-4 为国家公园功能分区统计。

表 5-4　国家公园功能分区统计

功能分区	面积/hm^2	面积占比/%	宁夏部分	面积占比/%	内蒙古部分	面积占比/%
严格保护区	107915.24	23.24	86241.05	30.41	21674.19	11.99
生态保育区	162612.88	35.02	110270.25	38.89	52342.63	28.96
游憩展示区	28088.6	6.05	26548.48	9.36	1540.12	0.85
传统利用区	165661.92	35.68	60499.40	21.34	105162.52	58.19
总面积	464278.64	100	283559.18	100	180719.46	100

（3）具体实施措施：

1）加快生态系统保护与恢复工作：利用遥感影像图，监测到贺兰山人类活动共有 169 处，对这 169 处人类活动点进行环境综合治理整治。在现有监测成果基础上，采取自然修复为主、人工修复为辅的方式。总体上，生态系统原真性保护措施包括：严格保护野生动物栖息地和迁徙通道；建立监测系统，跟踪种群和数量变化，维持种群的动态平衡，在必要的情况下采取人工干预；优化野生动物临时救护站建设布局，实施珍稀濒危物种的野外救护；建立珍稀濒危野生动植物的人工繁育种群，促进濒危物种的拯救繁育。

2）做好文化遗产保护，人文与自然景观相得益彰：贺兰山文化遗产丰富多彩，既有明等各代古长城遗址；也有西夏时期的皇家陵园——西夏王陵，西夏佛寺遗址——拜寺口双塔；还有北方少数民族驻牧游猎生息繁衍的岩画遗址和藏传佛教寺庙——南寺（广宗寺）、北寺（福音寺）。特别是西夏历史文化遗址应创新技术，完善设施，建设集科研、旅游、文化结合的遗址公园；岩画的保护要注重非物质文化遗产的活态保存，扩大岩画保护研究国际交流合作，通过集成、开发和推广成套的工程技术和方法，解决该领域的关键性保护技术难题并使其产业化。工业遗址及城镇保护要加强文化传承，再现三线工业记忆，打造成特色旅游地。

3）建设国家公园配套设施，发展智慧国家公园：

第一，保护与管理智能化：建立贺兰山智慧生态环境监测中心，利用先进的互联网技术和高端办公自动化管理设施实现贺兰山国家公园智能化发展。实行全民参与模式，引才引技引智，努力构建政府主导、全民参与的新时代智慧化、科学化的贺兰山国家公园管理格局。

第二，服务智能化：开通贺兰山国家公园卫星通信系统，条件允许的情况下谋划和实施“数字国家公园计划”，构建“星—空—地”一体化生态监测及大数据平台，掌握动物本底数据，构建智能化园区服务游憩设施平台和交通网络平台，形成多学科融合、大数据驱动的科学平台，为访客服务、科研服务以及公园其他服务提供方便。

5.4　建立贺兰山国家公园构想

5.4.1　为什么建立贺兰山国家公园

5.4.1.1　背景

20 世纪 80 年代“生态环境”一词成为政治词汇，标志“生态”走入公众。在《中共中央　国务院关于加快推进生态文明建设的意见》中提到，“在生态建设与修复中，以自然恢复为主，与人工修复相结合”教科书中的语言，标志“生态”回归。党的十八大后，“生态文明”上升为国家战略，成为“五位一体”总体布局的组成部分。

2013 年 11 月，《中共中央关于全面深化改革若干重大问题的决定》指出，坚定不移实施主体功能区制度，并提出建立国家公园体制。

2015 年 4 月，《中共中央　国务院关于加快推进生态文明建设的意见》强调，建立国家公园体制保护自然生态和自然文化遗产原真性、完整性。

2015 年 9 月，中共中央、国务院印发的《生态文明体制改革总体方案》强调，建立国家公园体制。加强对重要生态系统的保护和永续利用，改革各部门分头设置自然保护区、风景名胜区、文化自然遗产、地质公园、森林公园等的体制，对上述保护地进行功能重组，合理界定国家公园范围。

2017 年 9 月，中共中央办公厅、国务院办公厅印发《建立国家公园体制总体方案》。

2019 年 6 月，中共中央办公厅、国务院办公厅印发《关于建立以国家公园为主体的自然保护地体系的指导意见》。

习近平总书记指出，我们既要绿水青山，也要金山银山。宁要绿水青山，不要金山银山，而且绿水青山就是金山银山。

党的十九大报告提出建设“富强民主文明和谐美丽”的社会主义现代化强国的目标和“美丽中国”加快生态文明体制改革，建设美丽中国。体现在四个方面：推进绿色发展，着力解决突出环境问题，加大生态系统保护力度，改革生态环境监管体制。

5.4.1.2　中国自然保护地的管理主体及管理模式

自然保护区按保护对象分为自然生态系统类、野生生物类和自然遗迹类。自然保护区分为国家级、省（自治区、直辖市）级、市（自治州）级和县级四级。

图 5-3 为《自然保护区类型与级别划分原则》（GB/T 14528—1993）的总结。

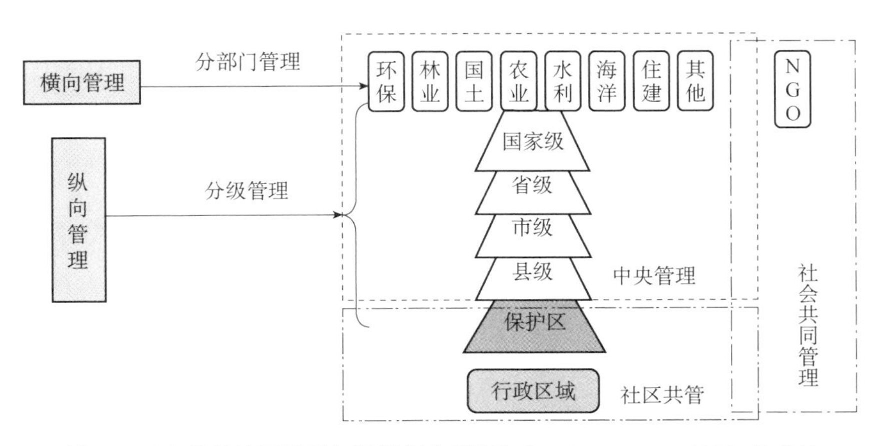

图 5-3 《自然保护区类型与级别划分原则》（GB/T 14528—1993）的总结

表 5-5 展示了宁夏贺兰山区域自然保护地的条块分割情况，表 5-6 展示了内蒙古贺兰山区域自然保护地的条块分割情况。

表 5-5　宁夏贺兰山区域自然保护地的条块分割

自然保护地名称	级别	管理部门	面积/km²
宁夏贺兰山国家级自然保护区	国家级	林业	1077.28
苏峪口国家森林公园	国家级	林业	95.87
贺兰山—西夏王陵风景名胜区（含西夏王陵、滚钟口、拜寺口和三关古长城 4 个景区）	国家级	住建	86.34
贺兰山岩画	自治区级	文化	
贺兰山北武当地质公园	自治区级	自然资源	68.80
大武口森林公园	市级	林业	8.6
石嘴山四合木保护区			3.9

表 5-6　内蒙古贺兰山区域自然保护地的条块分割

自然保护地名称	级别	管理部门	面积/km²
内蒙古贺兰山国家级自然保护区	国家级	林业	677.10
内蒙古贺兰山国家森林公园（南寺、北寺）	国家级	林业	34.55

两地自然保护区边界及区划存在的问题：保护区大小悬殊，保护范围不对应，功能区大部不对应，公路、铁路、输电线路、沟谷等分割保护区。

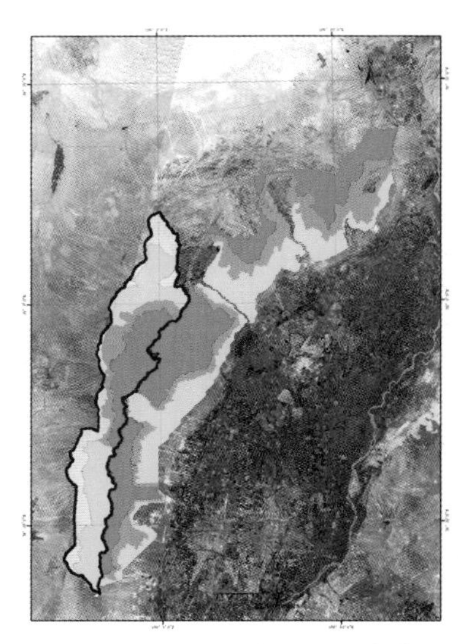

图 5-4　保护区的分区情况

对生态保护的不利影响：自然地理整体被人为分割为两部分；保护区对应非保护区受到干扰与破坏；高等级对应低等级功能区产生影响与干扰，生境脆弱化；半岛向孤岛演化，生境边缘化逐渐显现；长条状保护区域生境脆弱，边缘效应明显（见图 5-4）。

5.4.1.3　国家公园申报现状

2018 年，内蒙古贺兰山国家级自然保护区管理局委托内蒙古自治区林业监测规划院编制了《内蒙古贺兰山国家公园总体规划（2018—2030）》，并上报国家林业和草原局。

宁夏回族自治区林业和草原局向国家林业和草原局提请建立贺兰山国家公园。国家林业和草原局"关于申请建立贺兰山国家公园的建议"复文（2018 年第 2812 号）：目前在贺兰山建有 2 个国家级自然保护区（内蒙古贺兰山国家级自然保护区和宁夏贺兰山国家级自然保护区）和 1 个国家级森林公园（宁夏贺兰山苏峪口国家森林公园）。根据中央对国家公园体制改革的安排，我局正在抓紧启动全国国家公园空间布局和发展规划工作，这项工作将科学全面地对我国国家公园的准入标准、布局和建设区域进行顶层设计，统筹考虑自然生态系统的完整性和周边经济社会发展的需要，合理划定单个国家公园范围。

5.4.2　有什么生态学理论依据

5.4.2.1　生物多样性保护理论

《生物多样性公约》中的生物多样性定义：生物多样性（Biological Diversity）是指各种生物之间的变异性或多样性，包括陆地、海洋及其他水生生态系统，以及生态系统中各组成部分间复杂的生态过程。这种多样化包括种内、种间和生态系统多样性。

生态系统多样性是生物圈内栖息地、生物群落和生态学过程的多样化，以及生态系统内栖息地差异和生态学过程变化的多样性。

生态系统通常是相互作用种群的复杂网络，具有复杂的动态过程（生长和干扰），其相互作用具协同效应。因此，生态系统不只是部分之和。《生物多样性公约》指出，保护生物多样性的基本要求就是"保护生态系统和自然生境，维持恢复物种在其自然环境中有生存力的种群"。

5.4.2.2　岛屿生物地理学理论

MacArchur 和 Wilson 于 1967 年提出的岛屿生物地理学理论，阐述了岛屿上物种的丰富度与面积的关系为

$$S = C \cdot Az \qquad (5\text{-}1)$$

或

$$\log S = \log C + Z \cdot \log A \qquad (5\text{-}2)$$

式中，S 表示生物物种数；A 表示研究的面积；C 表示物种分布的密度。

面积越大，种绝灭率越小；面积越大，生境多样性越大，因此种丰富度亦越大；隔离程度越高，种迁入率越低，种丰富度越低；面积大而隔离度又低的自然保护区具有较高的平衡种丰富度功能；面积小或隔离程度低的生境岛具有较高的种周转率。

岛屿生物地理学理论的提出和迅速发展是生物地理学领域的一次革命，大量资料表明，面积和隔离程度确实在许多情况下是决定物种丰富度的最主要因素，而且生物赖以生存的环境，大至海洋中的岛屿、高山、林地，小到森林中的林窗都可以视为大小和隔离程度不同的岛屿。

岛屿生物地理学理论的简单性及其适用领域的普遍性，使这一理论长期成为物种保护和自然保护区设计的理论基础。

5.4.2.3 景观生态学理论

景观生态学表示景观某一地段上生物群落与环境间主要的、综合的、因果关系的研究，这些研究可以从明确的分布组合（景观镶嵌、景观组合）和各种大小不同等级的自然区划表示出来。

本底（基质）的大小与形状：自然保护区的本底即规模大小取决于保护的物种及保护条件；大保护区比小保护区在维持物种数量方面具有更强的能力，因为它们拥有更大的种群数量和更多样的生境，能把边缘效应减至最小；保护区本底最好的形状是同心圆状，中间是核心区，将保护对象纳入其中，其次是缓冲区，外围是过渡带，3 个区的面积从里向外逐步拓宽。图 5-5 为理想的自然保护区的功能分区。

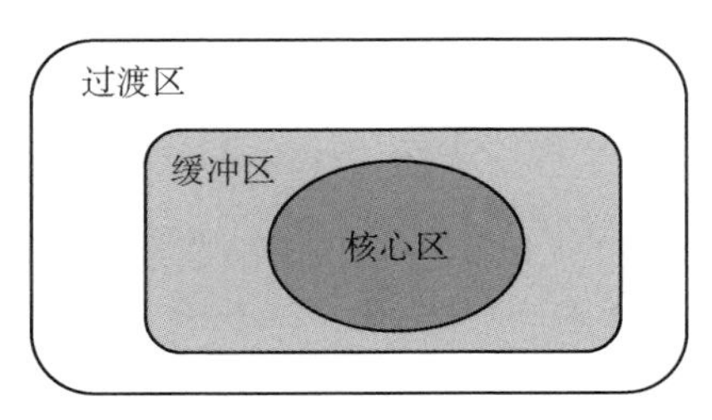

图 5-5 理想的自然保护区的功能分区

斑块的规模效应包括：

（1）大斑块。保护水质、发育河流网络、内部生境、核心生境、种源、保持自然干扰、缓冲能力强。

（2）小斑块。中继站、边缘生境、降低捕食概率、提供特定小生境、保护小型物种与生境。

一个优化的景观，应当是由一些大的斑块，周围还有一些小的斑块，一同散布在基质中。一般而言，两个大型的自然斑块是保护某一物种所必需的最低斑块数目，4～5 个同类型斑块则对维护物种的长期健康与安全较为理想。

景观生态格局："集中与分散相结合"最优格局设计格局。这是美国景观生态学家 Forman 1986 年基于生态空间理论提出的景观生态规划格局，包括以下 7 种景观生态属性：

1）大型自然植被斑块用以涵养水源，维持关键物种的生存。

2）既有大斑块又有小斑块，满足景观整体的多样性和局部点的多样性。

3）注重干扰时的风险扩散。

4）基因多样性的维持。

5）交错带减少边界抗性。

6）小型自然植被斑块作为临时栖息地或避难所。

7）廊道用以物种的扩散及物质和能量的分布与流动。

5.4.2.4　生态区域理论

生态学中的区域具有典型的生态完整性、生态差异性和空间可度量性。

生态完整性表现在区域内部各功能单元之间的内在联系，并经过长期的相互联系、相互渗透、相互融合形成一个不可分割的统一整体；生态差异性主要体现在同一区域不同功能体之间在结构和功能上的差异；空间可度量性是指在特定的时间内，区域是相对稳定的、可以度量的。

生态区域理论关注：关注物种和群落；取决于生态因子的大尺度规划单元而非行政边界；生境选择考虑大的植被斑块重要性、生态系统间的相互作用、碎裂种群动态及生境斑块连接性等。

生态区域理论的指导意义：自然保护区宏观布局。重要、典型的生态系统纳入保护；生物多样性的热点地区；只在某一地区存在而在其他地方没有的种，就是这个区的特有物种（Endemic Species），生物多样性"热点地区"

分析方法，主要是分析具有许多特有物种，而面临严峻生境破坏威胁的热点地区。

5.4.3 凭什么建立贺兰山国家公园

5.4.3.1 国家公园的标准与特征

2017 年 9 月 26 日，中共中央办公厅、国务院办公厅印发《建立国家公园体制总体方案》，该方案指出，国家公园是指由国家批准设立并主导管理，边界清晰，以保护具有国家代表性的大面积自然生态系统为主要目的，实现自然资源科学保护和合理利用的特定陆地或海洋区域；国家公园是我国自然生态系统中最重要、自然景观最独特、自然遗产最精华、生物多样性最富集的部分，保护范围大，生态过程完整，具有全球价值、国家象征，国民认同度高；确立国家公园在维护国家生态安全关键区域中的首要地位，确保国家公园在保护最珍贵、最重要生物多样性集中分布区中的主导地位，确定国家公园保护价值和生态功能在全国自然保护地体系中的主体地位。

5.4.3.2 生态系统及其价值

图 5-6 为生态多样性价值。

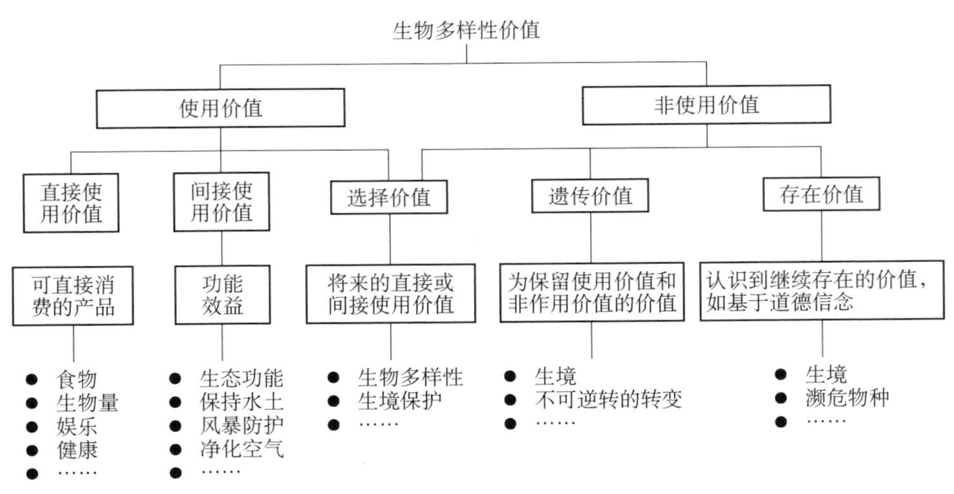

图 5-6　生态多样性价值

5.4.3.3　贺兰山建立国家公园的资源禀赋

（1）中国北方重要的生态安全屏障。重要的生态安全屏障：贺兰山横亘于我国西北东部，阻挡了西北高寒气流的东袭以及腾格里沙漠与巴丹吉林、乌兰布和沙漠的东侵，构筑了我国西北阻挡沙漠的最后一道坚固的生态安全屏障。

对区域风流场的影响：贺兰山耸立于东西两侧平（高）原之间，对常态稳定风场产生重要影响。冬季盛行的西北风受到贺兰山的阻挡，风场发生改变，分流为南北绕流风系和越岭风系，对贺兰山和宁夏平原自然环境产生重大影响。

（2）干旱—半干旱区典型的生态系统。贺兰山是我国西部重要的气候和植被分界线，还是连接青藏高原、蒙古高原和华北植物区系的枢纽。特殊的地理位置和地理环境塑造了贺兰山独特的生态系统。

贺兰山是我国西北干旱区生物多样性宝库，丰富的特有成分，使之成为我国 8 个生物多样性中心之一的“南蒙古中心（阿拉善—鄂尔多斯中心）”的核心区。

（3）珍稀濒危生物的主要栖息地。特有的植物群落类型，是由贺兰山特有植物组成：贺兰山丁香（*Syringa pinnatifolia* var. *holanshanensis*）群落；斑子麻黄（*Ephedra rhytidosperma*）群落；蒙薄皮木（野丁香）（*Leptodermis ordosica*）群落；贺兰山女蒿（*Hippolytia alashanensis*）群落。

1）阿拉善—鄂尔多斯地区特有属（单种属）：四合木属（*Tetraena*）；革苞菊属（*Tugarinovia*）。

亚洲中部荒漠特有属：沙冬青属（*Ammopiptanthus*）。

2）贺兰山特有种和特有变种 10 种：斑子麻黄、贺兰山棘豆、单小叶棘豆、贺兰山麦瓶草；特有变种，贺兰山稀花紫莲、贺兰山翠雀花、紫红花大萼铁线莲、大叶细裂槭、贺兰山丁香等。

3）国家保护植物：沙冬青、野大豆、蒙古扁桃、贺兰山丁香、四合木、黄芪等。

贺兰山国家级自然保护区共有昆虫 18 目 169 科 779 属 1121 种；脊椎动物 5

纲 24 目 56 科 139 属 218 种。其中，国家一级重点保护野生动物有黑鹳、金雕等 8 种，国家二级重点保护野生动物有鹅喉羚、马麝、马鹿、岩羊等 32 种。

（4）贺兰山水塔—区域降水中心。阿拉善高原海拔 1500 m，年均温 8.3℃，降水量 130～207 mm；宁夏平原海拔 1100 m，年均温 8.5℃，降水量 180～190 mm；贺兰山高山气象站海拔 102900 m，年均气温-0.8℃，降水量 429.8 mm，为该区域降水量最大地区。

位于贺兰山西侧荒漠地带的腰坝滩，曾是一方宝地，绿洲边缘有成片的乔木、灌木，沙漠里处处是沙蒿、白刺等植物，只要在地上挖个坑，就会有水渗出来。20 世纪 70 年代以来，随着大规模的移民，种植高耗水的农作物，生产、生活用水量大增，导致地下水减少。临近湖沼的咸水入侵，导致水质恶化，该地变成了沙尘暴的发源地，形成水资源危机。

腰坝滩水资源危机爆发后，当地政府颁布了农业限水政策。2014 年，腰坝地区的“任小米”种植达到 15 户，618 亩。2015 年和 2016 年，更多的嘎查加入进来。据 SEE 统计，截至 2016 年，累计推广种植小米超过 1 万亩，逾 150 户农户参与，总节水量超过 500 万 m^3，增收约 500 万元。但是，小米种植面积进一步扩大仍然遇到困难。2015 年，一家公益机构在腰坝滩大力推广滴灌设施种植节水小米，替代高耗水作物，对农业生产、地下水资源的开采和利用量进行监督，以实现腰坝滩地区地下水资源的采补平衡。“腾格里沙漠锁边生态项目”以目前正在实施的“腾格里沙漠东缘防沙治沙节水灌溉生态治理示范区”为中心，同时向南北两个方向延伸，南与腰坝滩、北与格陵布楞滩等连接。

腰坝原先并不是农耕区，因为发现了较为丰富的地下水，经过人工灌溉开发，被改造成沙漠绿洲。根据阿拉善 SEE 生态协会的相关研究，历史上，阿拉善境内虽然多沙漠，但仍不失为一块草丰羊肥的栖居地，因其受到三大生态屏障——东部贺兰山原始次生林带、西部黑河流域以胡杨林为主体的额济纳旗绿洲林带和北部梭梭林带的保护。

图 5-7 为腰坝绿洲水文地质剖面，表 5-7 为腰坝绿洲区 1973～2010 年不同土地利用类型变化情况。

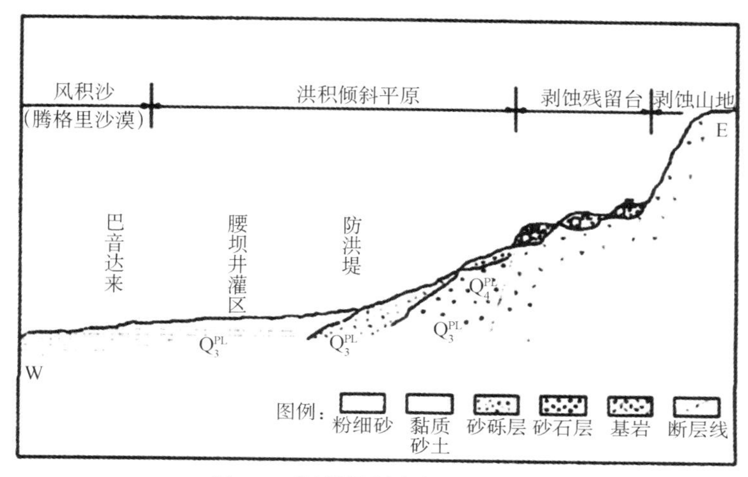

图 5-7　腰坝绿洲水文地质剖面

表 5-7　腰坝绿洲区 1973—2010 年不同土地利用类型变化

年份	土地利用类型	建设用地	林地	耕地	水域	裸地	草地	沙地	盐碱地
1972	面积/hm^2	228.97	16776.41	3196.42	1275.49	792.60	257669.09	48439.40	10723.94
	百分比/%	0.07	4.95	0.94	0.38	0.23	75.99	14.28	3.16
1987	面积/hm^2	554.77	16901.77	4871.02	471.02	792.60	236817.71	69965.77	8727.68
	百分比/%	0.16	4.98	1.44	0.14	0.23	69.84	20.63	2.57
2000	面积/hm^2	964.07	17197.78	6306.80	3445.85	792.60	221857.10	82306.62	6231.62
	百分比/%	0.28	5.07	1.86	1.02	0.23	65.42	24.27	1.84
2010	面积/hm^2	1446.34	17451.78	7596.15	1713.91	0.00	232849.05	70079.02	7173.48
	百分比/%	0.43	5.15	2.24	0.51	0.00	68.67	20.67	2.12
1973～1987	净变化量/hm^2	325.80	125.36	1674.59	804.47	0.00	20851.38	21526.37	1996.26
	变化率/%	58.73	0.74	34.38	170.79	0.00	8.80	30.77	22.87
1987～2000	净变化量/hm^2	409.30	295.89	1435.79	2974.83	0.00	14960.60	12340.85	2496.05
	变化率/%	42.46	1.72	22.77	86.33	0.00	6.74	14.99	40.05
2000～2010	净变化量/hm^2	482.27	254.12	1289.35	1731.94	0.00	10991.95	12227.60	941.86
	变化率/%	33.34	1.46	16.97	101.05	0.00	4.72	17.45	13.13

2010 年粮食总产量为 48161 t，占全旗粮食总产量的 31.3%；小麦产量 2000 t，占全旗小麦总产量的 20.3%；玉米产量 45648 t，占全旗玉米总产量的 32.5%。

沙尔布尔德沟，河长 161 km，流域面积 5283 km^2，多年平均年降水 162 mm，多年平均年径流深 6.8 mm。溪水长年不断，多年平均清水流量最大 50 L/s 左右，是巴彦浩特镇人民赖以生存的主要水源。

表 5-8 为贺兰山国家级自然保护区内沟道径流量情况。

表 5-8 贺兰山国家级自然保护区内沟道径流量

沟名	集水面积/km^2	多年平均径流深/mm	平均年径流量/万 m^3	常年清水流量/（万 m^3/a）
沙尔布尔德沟	69.3	30	207.90	141.6
墩子沟	15.5	18	27.90	—
庙前梁沟	34.3	20	68.60	31.5
查罕高勒	64.5	28	180.60	63.1

（5）两个自治区分别建立了以自然保护区为主体的保护体系。内蒙古贺兰山国家级自然保护区，1992 年建立省级自然保护区，同年年底升级为国家级自然保护区。管理机构是内蒙古贺兰山国家级自然保护区管理局，为内蒙古阿拉善盟直管的正处级事业单位。其他自然保护地均有管理机构。

宁夏贺兰山国家级自然保护区，1982 年建立省级自然保护区，1988 年升级为国家级自然保护区。管理机构是宁夏贺兰山国家级自然保护区管理局，为宁夏林业厅直管的正处级事业单位。

自然保护地分布集中，资源权属明确，保护区内无社区居民；分布于 2 个自治区的 5 个类型的保护地重叠、镶嵌，呈团块状分布一体，资源分布集中，有利于资源集中管理。

2000 年国家实施退耕还林政策，已对贺兰山保护区内农牧民实施生态移民，搬迁至保护区外，土地收回国有；分布的果园、养殖场，本次生态环境综合整治，全部拆迁，土地划归贺兰山保护区。

其他的国家风景名胜区、国家级文物保护单位、自治区级地质公园等，土地权属性质均为国有土地，且四至边界清晰，适宜资源有效保护和合理利用。

（6）生态环境科普教育科学研究的重要场所。建有贺兰山博物馆、宁夏贺兰山森林生态系统国家定位观测研究站；科普教育设施多元化。

5.4.4 怎么推进建立贺兰山国家公园

中共中央办公厅、国务院办公厅印发《关于建立以国家公园为主体的自然保护地体系的指导意见》（2019 年 6 月 26 日），关注了重叠设置、多头管理、边界不清、权责不明、保护与发展矛盾突出等问题。

到 2020 年，提出国家公园及各类自然保护地总体布局和发展规划；2025 年，初步建成以国家公园为主体的自然保护地体系。到 2035 年，全面建成中国特色自然保护地体系。

科学划定自然保护地类型。按照自然生态系统原真性、整体性、系统性及其内在规律，将自然保护地按生态价值和保护强度高低依次分为 3 类：

国家公园：具有国家代表性的自然生态系统；

自然保护区：是指保护典型的自然生态系统、珍稀濒危野生动植物种的天然集中分布区、有特殊意义的自然遗迹的区域；

自然公园：是指保护重要的自然生态系统、自然遗迹和自然景观，具有生态、观赏、文化和科学价值，可持续利用的区域。

制定自然保护地分类划定标准，按照保护区域的自然属性、生态价值和管理目标进行梳理调整和归类，逐步形成以国家公园为主体、自然保护区为基础、各类自然公园为补充的自然保护地分类系统。

整合交叉重叠的自然保护地。解决自然保护地区域交叉、空间重叠的问题，将符合条件的优先整合设立国家公园，其他各类自然保护地按照同级别保护强度优先、不同级别如低级别服从高级别的原则进行整合，做到一个保护地、一套机构、一块牌子。

归并优化相邻自然保护地。对同一自然地理单元内相邻、相连的各类自然保护地，打破因行政区划、资源分类造成的条块割裂局面，按照自然生态系统完整、物种栖息地连通、保护管理统一的原则进行合并重组，合理确定归并后的自然保护地类型和功能定位，优化边界范围和功能分区，解决保护管理分割、保护地破碎和孤岛化问题，实现对自然生态系统的整体保护。

统一管理自然保护地。制定自然保护地政策、制度和标准规范，建立统一调查监测体系，制定以生态资产和生态服务价值为核心的考核评估指标体系和办法。

分级行使自然保护地管理职责。结合自然资源资产管理体制改革，构建自然保护地分级管理体制。按照生态系统重要程度，将国家公园等自然保护地分为中央直接管理、中央地方共同管理和地方管理 3 类，实行分级设立、分级管理。

5.4.5 靠什么管理贺兰山国家公园

5.4.5.1 以国有资源资产管理改革为抓手推进管理

这次以国家公园体制为主体的自然保护地改革主题即体制改革。

改革自然资源资产管理分裂格局，整合林业、自然资源、生态环境、住建、水利、农牧等部门的生态保护管理职责，将分散的国有自然资源资产所有者职责统一，完善资产配置，提高管理效率，破解“九龙治水”。

《生态文明体制改革总体方案》强调，建立国家公园体制，改革各部门分头设置自然保护区、风景名胜区、文化自然遗产、地质公园、森林公园等的体制，进行功能重组，合理界定国家公园范围。

5.4.5.2 以国家层面推动突破行政区划藩篱提升管理效能

通过创新保护管理体制机制，破解“碎片化”资源资产管理现状，将下放到地方政府的所有权职责收归中央，建立跨两 个省级行政区域的重要自然资源资产由中央直接（或委托）行使事权，创新资源配置，明确主体责任，实现权责统一，从根本上杜绝地方政府重开发轻保护，造成生态环境破坏等问题。表 5-9 为拟建贺兰山国家公园基本情况。

表 5-9 拟建贺兰山国家公园基本情况

拟建贺兰山国家公园	面积/hm^2	占比/%
严格保护区	165885.7	55.55
生态保育区	103303	34.60
科普游憩区	25961	8.69
传统利用区	3455	1.16
合计	298604.7	100

5.4.5.3 以内部机构设置抵前强化管理

国有自然资源资产管护、有偿使用、特许经营、调查监测、评估、档案管理等职能。图 5-8 为贺兰山国家公园管理局组织构架。

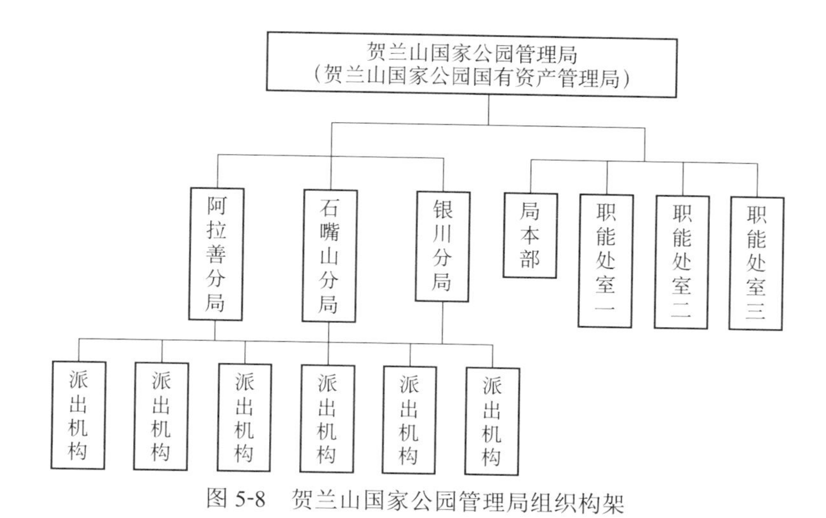

图 5-8　贺兰山国家公园管理局组织构架

5.4.5.4　以功能区划优化促进管理

通过优化边界范围和功能分区，保护自然生态系统的原真性、完整性，促进国家公园整体性、连通性、协调性等功能提升。

5.4.5.5　以科学设置功能区优化管理

严格保护区面积＞25%，加上生态保育区面积占比＞50%，符合现在关于国家公园功能分区划分标准。

表 5-10 展示了内蒙古阿拉善和宁夏贺兰山地区自然保护地面积。

表 5-10　内蒙古阿拉善和宁夏贺兰山地区自然保护地面积

	功能区	阿拉善/hm^2	宁夏/hm^2	合计/hm^2
贺兰山国家级自然保护区	核心区	20200	86238.7	106438.7
	缓冲区	10763	48684	59447
	试验区	36747	45765.98	82512.98
	禁牧区	20790	—	20790
国家森林公园	—	3455	9587	13042
市级森林公园	—	—	860	860
风景名胜区	—	—	8634	8634
地质公园	—	—	6880	6880
合计	—	91955	206649.7	298604.7

第 6 章　旱区生物多样性保护与利用

6.1　贺兰山生态修复乡土物种筛选及适宜性评价

保护区露天煤矿采煤迹地生态修复是一项十分艰巨的工程，实际应用中常常出现技术力量不足、缺乏科学性，未充分考虑生态系统功能和生态系统的可持续性等一系列问题，其中，在植物选择上要充分考虑当地气候和微环境。植物的选择一般来讲，既要考虑当地的小气候，又要考虑种子可获得性，充分利用当地乡土植物作为乔灌木树草种质资源，构建先锋植物群落，改善土壤、微环境，为最终生态恢复创造先决条件。

因此，为全面探究贺兰山矿区不同乡土植物在矿区生态修复中可行性，本文在大规模试验的基础上，对不同乡土物种适生性验证，对适生灌草进行开发价值评价，为矿区生态修复乡土物种选用提供理论依据。

6.1.1　试验方法

（1）试验材料。通过《宁夏植物志》《贺兰山矿山乡土植物图鉴》进行初步筛选。针对贺兰山矿区土壤贫瘠、土壤盐碱化、边坡稳定性差、强风等特点，以较为适应贺兰山矿区的气候等环境因子的西北乡土植物中耐旱的 27 种旱生灌木、半灌木、草本作为试验材料。

（2）物种在矿渣土适应性验证的种植试验。2019 年 5～9 月在贺兰山汝箕沟东外排土场设立试验样地。初选 27 种乡土植物进行生境适生性试验，其中草本采用撒播的方式，灌木采用点播、扦插等方式，乔木灰榆采用点播移栽两种方式。播种后记录出苗和生长状况，最后根据试验结果开展适生性验证。

（3）贺兰山矿区乡土植物开发价值评价指标构建。根据对植物材料出苗、生长状况，以及种子采收难度、商品化程度（根据销售量大小判断）的要求等四个方面，对贺兰山矿区生态修复乡土植物开发价值进行评价。对银川市各苗木种子进行调研，调查各乡土植物种子可获得性及市场上商品化程度。利用上述指标进行开发价值综合评价。

6.1.2　结果

（1）种乡土植物基本特征。根据植被地带性原理和乡土物种优先的原则，开展的 27 种乡土灌木、草本植物的栽培试验植物分属 11 科，灌木植物有灰榆、沙冬青、酸枣、蒙古扁桃、霸王、柠条锦鸡儿、荒漠锦鸡儿、罗布麻、中亚紫菀木、红砂等，禾本科植物有 8 种，一年生短命植物有 4 种（见表 6-1）。图 6-1 为表 6-1 中物种筛选及适应性研究小区。

表 6-1　试验所选用的 27 种乡土植物名录

植物名称	拉丁名	所属科	生活型
灰榆	*Ulmus glaucescens*	榆科	小乔木或灌木
沙冬青	*Ammopiptanthus mongolicus*	豆科	常绿灌木
酸枣	*Ziziphus jujuba* var. *spinosa*	鼠李科	灌木
蒙古扁桃	*Amygdalus mongolica*	蔷薇科	灌木
霸王	*Sarcozygium xanthoxylon*	蒺藜科	灌木
柠条锦鸡儿	*Caragana korshinskii*	豆科	灌木
荒漠锦鸡儿	*Caragana roborovskyi*	豆科	灌木
罗布麻	*Apocynum venetum*	夹竹桃科	半灌木
中亚紫菀木	*Asterothamnus centrali asiaticus*	菊科	半灌木
红砂	*Reaumuria soongarica*	柽柳科	小灌木
白茎盐生草	*Halogeton arachnoideus*	藜科	一年生草本
猪毛菜	*Salsola collina*	藜科	一年生草本
狗尾草	*Setaria viridis*	禾本科	一年生草本
沙蒿	*Artemisia blepharolepis*	菊科	多年生草本
骆驼蓬	*Peganum harmala*	蒺藜科	多年生草本
柽柳	*Tamarix chinensis*	柽柳科	灌木
蒺藜	*Tribulus terrestris*	蒺藜科	一年生草本
华北米蒿	*Artemisia giraldii*	菊科	半灌木状草本

续表

植物名称	拉丁名	所属科	生活型
胡枝子	*Lespedeza bicolor*	豆科	半灌木
沙打旺	*Astragalus laxmannii*	豆科	多年生草本
披碱草	*Elymus dahuricus*	禾本科	多年生草本
短花针茅	*Stipa breviflora*	禾本科	多年生草本
赖草	*Leymus secalinus*	禾本科	多年生草本
沙生冰草	*Agropyron desertorum*	禾本科	多年生草本
蒙古冰草	*Agropyron mongolicum Keng*	禾本科	多年生草本
扁穗冰草	*Agropyron cristatum*	禾本科	多年生草本
芨芨草	*Achnatherum splendens*	禾本科	多年生草本

罗布麻扩繁基地					
蒙古扁桃扩繁基地	沙冬青扩繁基地				
沙冬青	小叶锦鸡儿	罗布麻	罗布麻	灰榆	白榆
霸王	柠条锦鸡儿	狭叶锦鸡儿	蒙古扁桃	酸枣	红砂
生产通道					
沙打旺	草木樨	狗尾草	胡枝子	沙蒿	盐生草
赖草	披碱草	紫菀木	蒺藜	猪毛菜	骆驼蓬
生产通道					
细茎冰草	芨芨草	蒙古冰草	沙生冰草	针茅	华北米蒿
松叶猪毛菜	（沙米）				

图 6-1　表 6-1 中物种筛选及适应性研究小区

（2）开发利用综合评价。种子市场有销售、种植成活率达到 80%的灌木物种有沙冬青、蒙古扁桃；种子市场无销售（未商品化）、种植成活率达到 80%的灌木物种有灰榆、柽柳，可确定为应重点推广使用的灌木乡土物种。

可大量采收，市场有销售、种植成活率达到 80%的草本乡土植物有白茎盐生草、猪毛菜、沙蒿、沙打旺，可确定为应重点推广使用的草本乡土物种。中亚紫菀木种子虽然市场无销售，暂未商品化，但可以大量采收，只要有市场需求，种子商品化很容易，故也可确定为应重点推广使用的草本乡土物种。

种子市场有销售、种植成活率达到 40%～50%，比如披碱草、短花针茅、赖草、沙生冰草、蒙古冰草、扁穗冰草、芨芨草均为多年生禾本科，成活率比出苗率低，是演替到一定阶段占优势物种，从增加物种多样性角度来看，确定为适宜物种。表 6-2 为基于生态适应性验证的乡土植物开发价值综合评价。

表 6-2 基于生态适应性验证的乡土植物开发价值综合评价

序号	试验物种名称	试验材料	种植方式	出苗/生长状况	种子可获得性	结论
1	灰榆	种子	点播/移栽	80%；移栽成活率 65%	可大量采收，未商品化	应重点推广使用
2	沙冬青	种子	育苗	营养袋育苗成活率极高，80%	可大量采收，市场有销售	应重点推广使用
3	酸枣	种子	撒播	未见到幼苗	可大量采收，市场有销售	高山地区不适宜
4	蒙古扁桃	种子	点播	出苗率受动物危害的影响，约 50%	可大量采收，市场有销售	优选
5	霸王	种子	撒播	出苗率受动物危害的影响，40%	可大量采收，市场有销售	适宜
6	柠条锦鸡儿	种子	点播	40%	可大量采收，市场有销售	适宜
7	荒漠锦鸡儿	种子	撒播	20%	种子不易采收，未商品化	较不适宜
8	罗布麻	根	根植	30%，早期 80%	种子不易采收，未商品化	适宜
9	中亚紫菀木	种子	点播	60%，营养盆移栽成活率 60%	种子较易采收，未商品化	应重点推广使用
10	红砂	种子	撒播	未见到幼苗	可大量采收，市场有销售	浅山地区最适宜物种，高海拔地区不适宜
11	白茎盐生草	种子	撒播	出苗率近 80%	可大量采收，市场有销售	应重点推广使用
12	猪毛菜	种子	撒播	出苗率近 80%	可大量采收，市场有销售	应重点推广使用
13	狗尾草	种子	撒播	出苗率近 60%	可大量采收，市场有销售	适宜
14	沙蒿	种子	撒播	出苗率近 80%	可大量采收，市场有销售	应重点推广使用
15	骆驼蓬	种子	撒播	出苗率近 40%	可大量采收，市场有销售	适宜
16	柽柳	枝条	扦插	80%	采穗较为容易	应重点推广使用
17	蒺藜	种子	撒播	50%	可大量采收，市场有销售	适宜
18	华北米蒿	实生苗	移栽	60%	种子可采收，未商品化	适宜
19	胡枝子	种子	撒播	40% ~ 50%	可大量采收，市场有销售	需要继续观察
20	沙打旺	种子	撒播	60% ~ 70%	可大量采收，市场有销售	应重点推广使用
21	披碱草	种子	撒播	50%	可大量采收，市场有销售	适宜
22	短花针茅	种子	撒播	45%	种子可采收，未商品化	适宜
23	赖草	种子	撒播	40% ~ 50%	可大量采收，市场有销售	适宜
24	沙生冰草	种子	撒播	40% ~ 50%	可大量采收，市场有销售	适宜
25	蒙古冰草	种子	撒播	40% ~ 50%	可大量采收，市场有销售	适宜
26	扁穗冰草	种子	撒播	50%	可采收，市场有销售	适宜
27	芨芨草	种子	撒播	40%	可大量采收，市场有销售	适宜

6.1.3 结论

煤矿开采对以草本为主的原生植被造成了毁灭性破坏，取而代之的是恶劣的以矿渣土为主的原生裸地环境。贺兰山采煤迹地生态环境整治所覆盖的表面以矿渣土为主，伴有极少量的剥离表土。因此只有少量的先锋植物可以作为演替初期植物夏季萌发生长。

乡土植物在没有人为影响的条件下，经过长期物种选择与演替后，对特定地区生态环境具有高度适应性。乡土植物的生活型构成对提高矿区植物的物种多样性、改善生态性能至关重要。除此之外，乡土植物经历了长期的进化适应，对当地气候等环境因子的抗逆性、耐受性、适应性较强，管护、栽培、获取较为简单。

6.2 西北高寒山地灌木林水文效应与生态调控功能研究

6.2.1 研究背景

在干旱、半干旱地区，随着全球气候变化和人类经济活动，区域发展目前面临着“水—生态—经济”三要素的严重冲突，水在这个过程中又占据了重要的地位。内陆河水资源主要从山区起源，分布在高山地带的高山植被在维持区域水量平衡中发挥了关键作用。图 6-2 为不同植被带水循环过程。

图 6-2 不同植被带水循环过程

在高山地带，乔木树种难以适应高山地区环境，而灌木因其较强的抗逆性和特殊的形态特征常能形成稳定的群落。中国西部高山区灌木分布广泛，面积达到了 19.8×10^4 km^2，是与草甸和乔木有关的主要植被型，也是涵养水源的主要植被类型，在群落演替过程中、区域生态环境保护和替代能源方面都具有重要作用。

祁连山灌木林面积约占祁连山区林业用地面积的 68%，是祁连山水源涵养林的主要组成部分。亚高山灌木分布带是重要的产流区，但由于缺乏基础研究和实测数据，其产流贡献率是多少，属于薄弱环节。图 6-3 为产流空间分布。

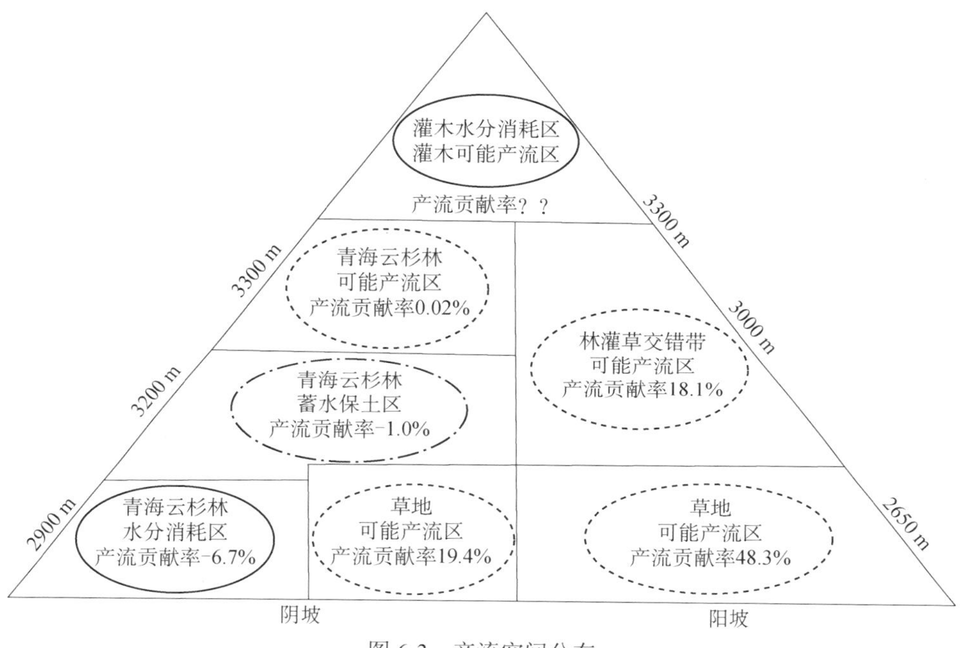

图 6-3　产流空间分布

6.2.2　研究区简介

祁连山森林生态站位于甘肃省张掖市肃南裕固族自治县西水林区（N 38°24′, E 100°17′）。生态站始建于 1978 年，是国家林业局最早建立的长期野外综合观测研究站之一，1984 年正式列入林业部科研计划，纳入中国森林生态系统定位研究网络，成为全国第一批 11 个森林生态系统定位研究站之一。

研究区位于甘肃省河西走廊中部——张掖市，地处青藏高原、蒙新高原、黄土高原三大高原的交汇地带，位于中国第二大内陆河——黑河流域中上游。海拔高度为 2650～3770 m，面积约 2.85 km^2，典型地表植被类型有草地、青海云杉林、灌木林、高山草甸。

6.2.3　研究方法

6.2.3.1　样地与仪器布设

在祁连山排露沟流域选择典型灌木林植被类型，包括高海拔的湿性灌木林和低海拔的干性灌木林，建立生态水文观测场地和布置观测仪器。图 6-4 为祁连山排露沟流域灌木林野外观测样地。

图 6-4　祁连山排露沟流域灌木林野外观测样地

6.2.3.2　试验观测系统

不同生态水文过程观测如图 6-5 所示。

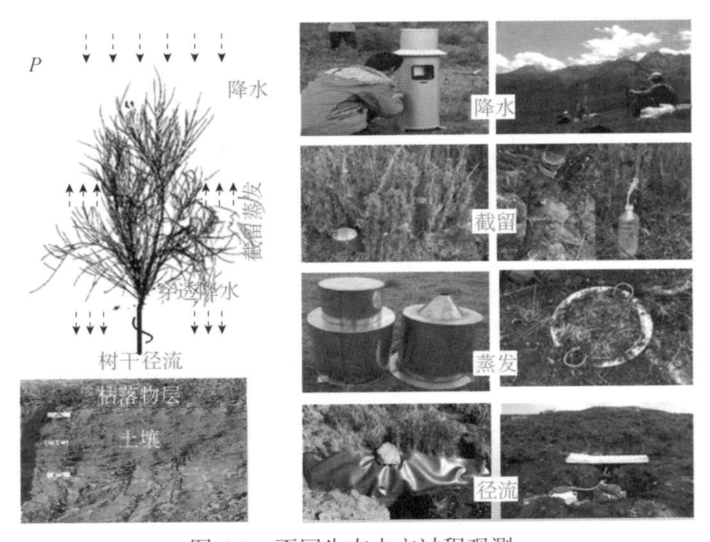

图 6-5　不同生态水文过程观测

6.2.3.3　气象测定

依托设在该流域海拔梯度上的 6 套自动气象站获取气候因子；即海拔 2570 m 梯度自动站、海拔 2700 m 梯度自动站、海拔 2900 m 梯度自动站、拔 3300 m 梯度自动站、海拔 3500 m 气象站、海拔 3700 m 气象站。

6.2.3.4　植被调查

样地调查（每种灌木 3 个重复，共 15 个样地），植被结构—叶面积，需要定时间、定地点、定人员。

6.2.3.5　截留测定与土壤水分的重新分配

设置 105 个穿透水收集、50 个树干径流和每个灌木下 35 个土壤水分样本。

6.2.3.6　土壤蒸发

利用自制的土壤蒸渗仪进行土壤蒸发和渗透测定。图 6-6 为土壤蒸渗仪结构。

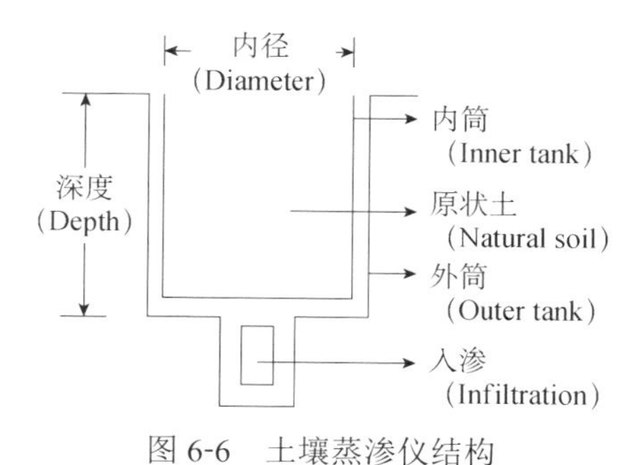

图 6-6　土壤蒸渗仪结构

6.2.3.7　土壤物理性质测定

土壤物理性质；15 个土壤剖面（1.0 m），75 个土样。

6.2.3.8　径流量和侵蚀量

主要测定表层与 40 cm 壤中流。图 6-7 为山坡径流场平面与剖面。

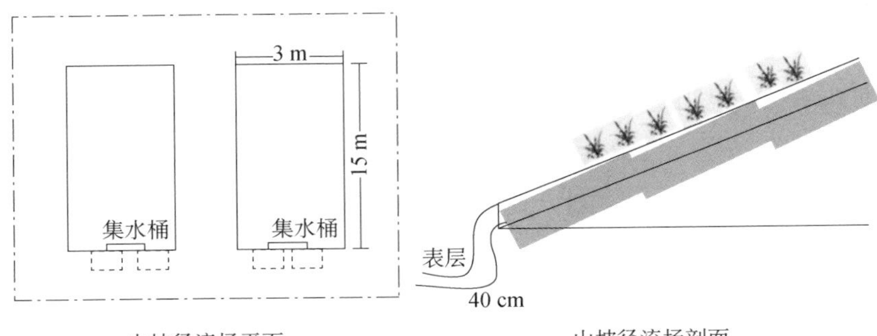

图 6-7　山坡径流场平面与剖面

6.2.4　研究结果

6.2.4.1　植被结构参数

研究结果表明，处于低海拔的甘青锦鸡儿和鲜黄小檗植株个体较大，生长稀疏，林下物种单一，呈聚集度较高的斑块分布，是祁连山水源涵养林的先锋林型。生长在高海拔的其他 3 种灌丛个体较小，密度大，林下种类丰富，分布格局随机，是地带性顶级群落（见表 6-3）。

表 6-3　祁连山 5 种典型灌丛植被结构参数

类型	海拔/m	样地大小	平均地径/mm	平均高度/m	平均冠幅/cm	盖度、%	密度/（株/m^2）	多度	分布格局
甘青锦鸡儿	2600	15 m×15 m	12.89	1.80	1.81	24	0.24	So.1	聚集分布
鲜黄小檗	2600	15 m×15 m	11.10	0.60	1.50	42	0.12	Cop.1	聚集分布
金露梅	20900	10 m×10 m	4.72	0.55	0.53	37	0.39	Cop.2	随机分布
鬼箭锦鸡儿	3300	10 m×10 m	9.72	0.52	0.27	53	0.28	Cop.2	随机分布
吉拉柳	3300	10 m×10 m	6.27	0.94	1.37	63	0.47	Cop.2	随机分布

6.2.4.2　叶面积指数动态

LAI-2200 冠层分析仪测定表明，LAI 平均值大小依次为鲜黄小檗群落＞吉拉柳群落＞鬼箭锦鸡儿群落＞甘青锦鸡儿群落＞金露梅群落，数值依次为 1.845、1.682、1.381、1.285 和 1.038。叶面积指数均随生育期后移而增大，最大值出现在 8 月，而后逐渐减小，直至凋落。

6.2.4.3　生物量与环境因子的关系

由图 6-8 可知，土壤含水量对地下部分生物量的影响相对于地上部分而言更加明显（R^2=0.478）；土壤容重随着海拔的上升而增加，灌丛总生物量则减少；土壤含水量、土壤容重与土壤温度共同对灌丛生物量起着重要的作用。

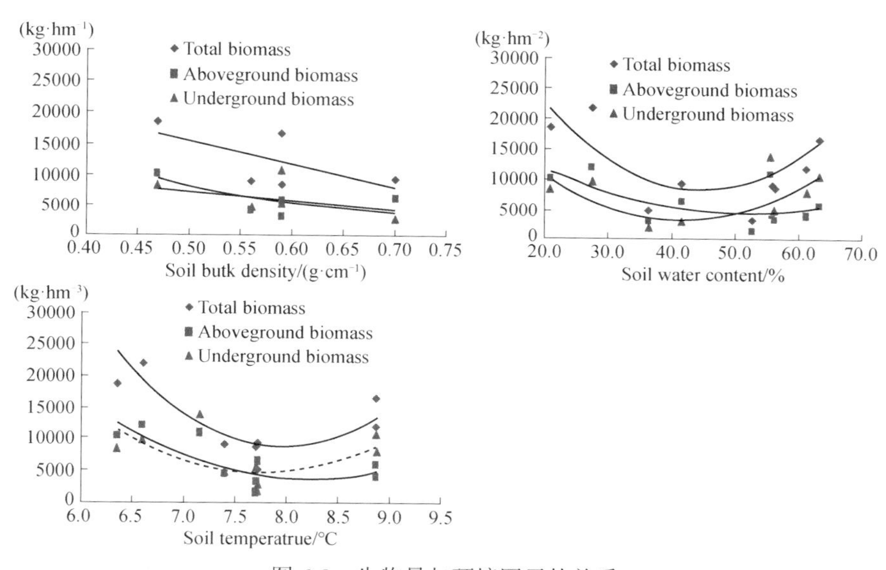

图 6-8　生物量与环境因子的关系

6.2.4.4　降雨截留

表 6-4 为不同灌木林降雨截留数值。

表 6-4　不同灌木林降雨截留数值

灌木林	截流量/mm	截留率/%	穿透雨量/mm	穿透率/%	径流量/mm	径流率/%
吉拉柳	108.9	37.2	183.5	62.8	21.91	4.05
箭叶锦鸡儿	123.6	44.3	168.8	55.7	18.46	3.26
金露梅	106.4	39.0	166.1	61.0	13.78	2.85
鲜黄小檗	82.1	33.1	165.7	66.9	15.34	3.84
甘青锦鸡儿	73.5	29.7	174.3	70.3	16.63	4.28

在生长季节：降水量＜2.8 mm 时，降水被全部截留。截留 29.7%的可能降水。径流率为 2.85%以上。穿透率为 55.7%以上。表 6-5 为不同叶量期冠层枝叶覆盖率与穿透雨率。

表 6-5　不同叶量期冠层枝叶覆盖率与穿透雨率

		展叶初期/%	叶量稳定期/%	增量/%
平均枝叶覆盖率		60.03	84.35	24.32
穿透雨率	<2 mm	55.23	25.61	−29.62
	2～10 mm	52.93	45.87	−8.06
	10～20 mm	57.02	50.77	−6.26
	>20 mm	62.10	58.76	−3.34
平均穿透雨率		37.07	45.25	−11.82

叶量稳定期（7～8 月）的枝叶覆盖率比展叶初期（6 月 10 日前）的枝叶覆盖率平均高出 24.32 个百分点，对应的平均穿透雨率降低了 11.82 个百分点，且降雨量级越小，叶量变化对穿透雨的影响越显著，二者间呈负相关关系。

穿透雨率与距灌木基部的距离呈正相关关系，冠层的厚度与穿透雨之间呈负相关性。

叶面积指数在一定程度上影响穿透降雨率的空间分布，且降雨量越小其影响效果越明显。

6.2.4.5　枯落物持水和蓄水能力

枯落物可以吸收水分超过自生重量的 199.45%（甘青锦鸡儿）到 439.10%（吉拉柳）。枯落物半分解层有效拦蓄量与有效拦蓄深大小顺序为吉拉柳（58.61 t/hm^2，5.86 mm）＞鲜黄小檗（57.25 t/hm^2，5.73 mm）＞箭叶锦鸡儿（31.44 t/hm^2，3.14 mm）＞金露梅（26.39 t/hm^2，2.64 mm）＞甘青锦鸡儿（21.22 t/hm^2，2.12 mm）。图 6-9 为穿透雨率与冠层厚度、距基部距离的关系，表6-6 为不同灌丛枯落物持水和蓄水能力。

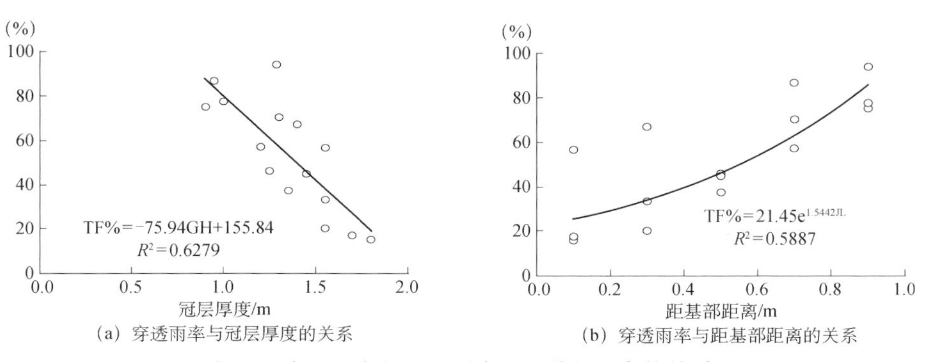

(a) 穿透雨率与冠层厚度的关系　(b) 穿透雨率与距基部距离的关系

图 6-9　穿透雨率与冠层厚度、距基部距离的关系

表 6-6　不同灌丛枯落物持水和蓄水能力

林分类型	枯落物层	自然含水量/（t/hm²）	最大持水率/%	最大持水量/（t/hm²）	最大拦蓄率/%	最大拦蓄量/（t/hm²）	有效拦蓄率/%	有效拦蓄量/（t/hm²）	有效拦蓄深/mm
箭叶锦鸡儿	未分解层	13.65	361.73	41.96	244.0	28.30	189.74	22.20	2.22
	半分解层	22.31	386.11	63.24	249.89	40.93	191.97	31.44	3.14
吉拉柳	未分解层	14.17	356.21	55.57	265.41	41.40	211.98	33.07	3.31
	半分解层	26.30	439.10	99.89	323.5	73.59	257.64	58.61	5.86
金露梅	未分解层	7.26	278.81	28.44	207.61	21.18	165.79	16.91	1.69
	半分解层	11.77	316.22	45.59	234.62	33.83	187.19	26.39	2.64
鲜黄小檗	未分解层	7.89	291.62	40.54	234.82	32.64	191.08	26.56	2.66
	半分解层	16.24	334.85	86.46	271.95	70.22	221.72	57.25	5.73
甘青锦鸡儿	未分解层	2.30	199.45	22.34	178.83	20.03	148.91	16.68	1.67
	半分解层	2.78	228.4	28.23	205.92	25.46	171.66	21.22	2.12

6.2.4.6 枯落物持水动态

枯落物浸泡初期，在 1 h 以内吸水最快；浸水 2 h 时，未分解层和半分解层的持水量分别达到最大持水量的 83.27%与 80.71%。随浸水时间的增加，持水量增幅减缓。当枯落物在水中浸泡 12 h，其持水量基本达到最大值，增加浸泡时间，其持水量变化很小，至浸水 22 h 达到最大持水量。图 6-10 为不同降水量时穿透雨率与 LAI，图 6-11 和图 6-12 为不同灌木林类型枯落物持水量、吸水速率与浸泡时间的关系。

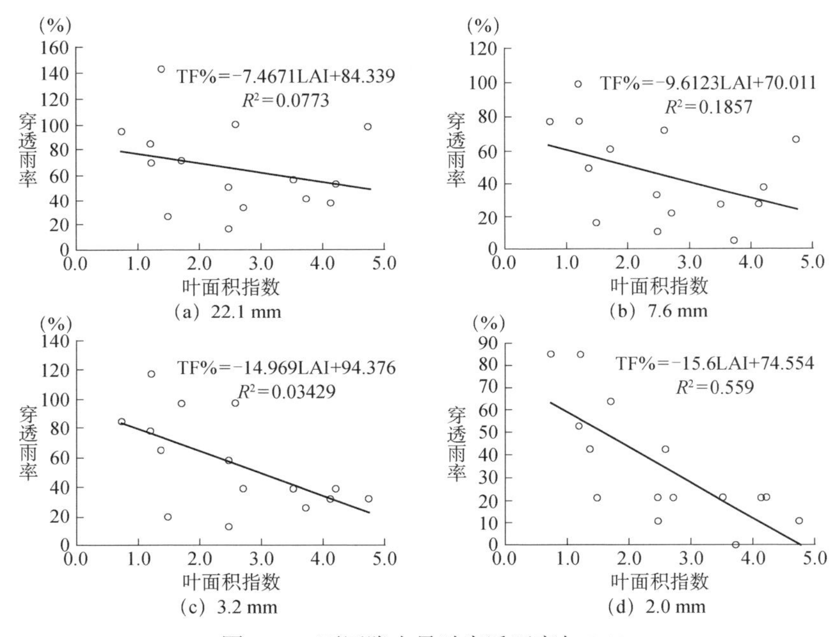

图 6-10 不同降水量时穿透雨率与 LAI

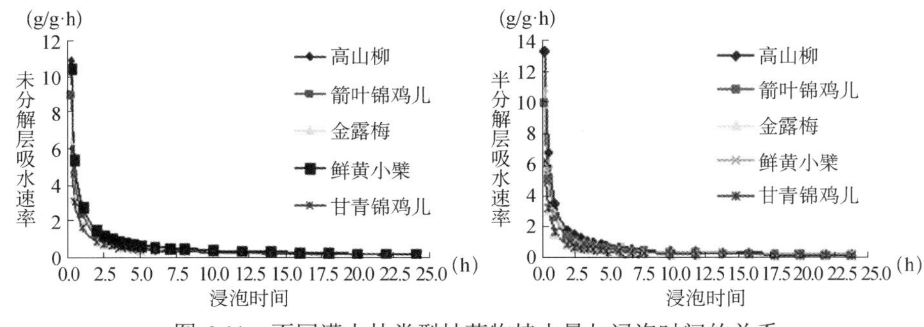

图 6-11 不同灌木林类型枯落物持水量与浸泡时间的关系

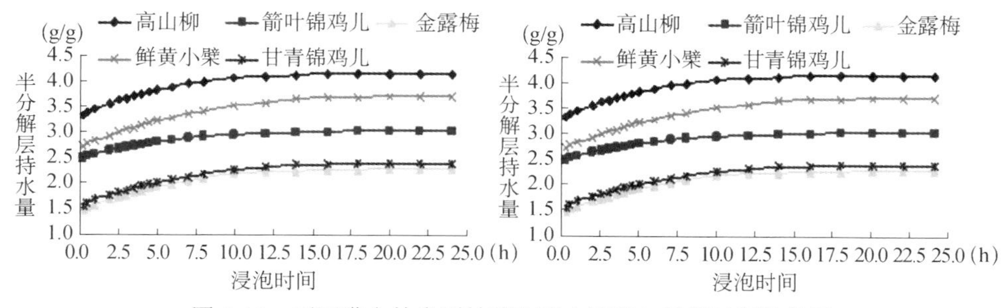

图 6-12　不同灌木林类型枯落物吸水速率与浸泡时间的关系

在最初浸水的 1.0 h 内，枯落物迅速吸水，在该时段内吸水速率达到最大；浸水 2.5 h 内，吸水速率随浸水时间的延长急剧降低，但该时段吸水速率仍相对较大；随着浸水时间继续延长（4～8 h 内）枯落物持水量不断增加，枯落物吸水速率逐渐减缓；浸水 16 h 后持水量逐渐趋于饱和状态，吸水速率逐渐趋向于 0。

6.2.4.7　土壤持水和蓄水能力

饱和持水量最大的是吉拉柳，其次为箭叶锦鸡儿，金露梅和鲜黄小檗中庸，甘青锦鸡儿表现最差。有效涵蓄量表明，低海拔对于减少地表径流非常有利，在降水补给稳定的情况下，可以降低雨水的不必要的损失，减少表土流失，起到保墒、保水、保肥的作用，而高海拔容易产生径流。表 6-7 为不同灌木林类型土壤持水和蓄水能力。

表 6-7　不同灌木林类型土壤持水和蓄水能力

林分类型	土壤层次	非毛管持水量/%	土壤饱和持水量/%	毛饱和持水量	毛管蓄水量/mm	饱和蓄水量/mm	涵蓄降水量/mm	有效涵蓄量/mm
吉拉柳	0～10	73.11	253.78	0.71	61.45	85.87	48.09	23.24
	10～20	36.55	168.57	0.78	64.12	81.75	40.35	22.44
	20～40	35.89	166.08	0.78	126.94	161.96	78.33	43.16
	40～60	30.03	153.37	0.80	129.87	161.47	71.58	39.75
箭叶锦鸡儿	0～10	56.33	216.03	0.74	64.36	86.88	46.23	23.12
	10～20	22.73	114.48	0.80	60.76	75.19	32.36	17.13
	20～40	26.18	114.32	0.77	110.92	143.86	78.19	42.06
	40～60	18.45	90.67	0.80	109.21	137.32	65.52	36.96
金露梅	0～10	28.43	129.86	0.78	61.32	76.18	44.01	22.53
	10～20	17.07	102.59	0.83	61.71	73.81	65.53	22.73

续表

林分类型	土壤层次	非毛管持水量/%	土壤饱和持水量/%	毛饱和持水量	毛管蓄水量/mm	饱和蓄水量/mm	涵蓄降水量/mm	有效涵蓄量/mm
金露梅	20～40	12.15	87.57	0.86	121.78	141.28	69.65	41.73
	40～60	13.39	92.76	0.85	123.22	143.29	66.44	38.28
鲜黄小檗	0～10	10.53	65.95	0.85	52.58	62.56	30.86	21.00
	10～20	8.07	56.47	0.86	51.76	60.40	29.55	20.91
	20～40	14.48	81.16	0.82	106.74	129.24	76.78	52.73
	40～60	11.05	73.80	0.85	113.11	132.88	76.71	56.15
甘青锦鸡儿	0～10	5.91	46.04	0.87	48.65	55.78	31.44	35.23
	10～20	6.62	49.28	0.86	49.14	56.71	32.69	36.00
	20～40	7.91	50.43	0.84	96.86	114.82	73.12	64.09
	40～60	6.53	48.51	0.86	97.50	112.68	65.96	58.81

6.2.4.8 土壤水分渗透

不同灌木林类型土壤蓄水能力和入渗性能存在较大差异，吉拉柳灌木的蓄水能力和入渗性能均好于其他类型。土壤的初渗率在 3.8～53.93 mm/min，稳渗 0.95～24.12 mm/min，总体上吉拉柳>鬼箭锦鸡儿>金露梅>鲜黄小檗>甘青锦鸡儿。图 6-13 为不同灌木林类型土壤入渗过程曲线，表 6-8 为不同灌木类型土壤入渗模型的拟合参数。

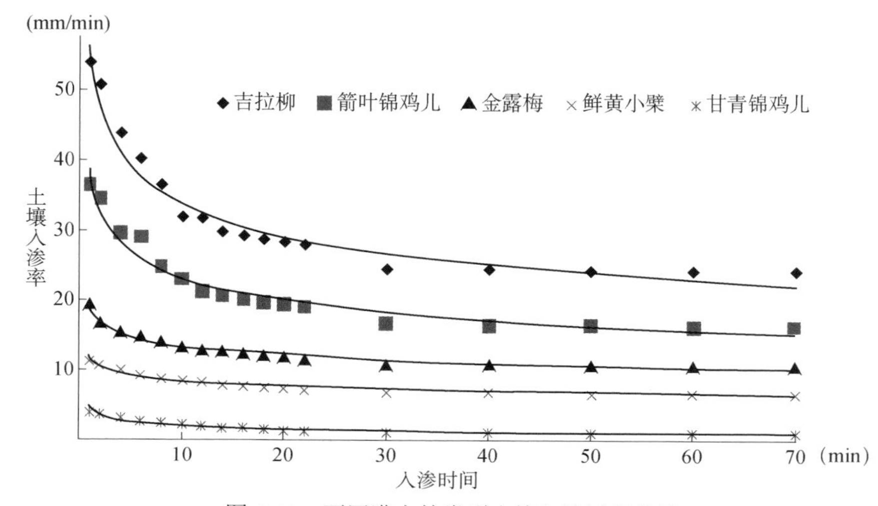

图 6-13 不同灌木林类型土壤入渗过程曲线

表 6-8　不同灌木类型土壤入渗模型的拟合参数

林分类型	Kostiakov 模型			Horton 模型				Philip 模型		
	a	n	R^2	F_0	f_c	k	R^2	s	b	R^2
吉拉柳	56.025	0.22	0.961 3	54.0	24.1	0.123 5	0.960 3	28.012 5	24.1	0.817 1
鬼箭锦鸡儿	38.501	0.222 5	0.958 5	36.5	16.3	0.114 6	0.967 7	19.250 5	16.3	0.817 1
金露梅	18.68	0.148	0.979 7	19.2	10.5	0.090 6	0.983 1	9.34	10.5	0.814 7
鲜黄小檗	11.662	0.148	0.970 6	11.2	6.5	0.080 2	0.982 2	5.831	6.5	0.825 0
甘青锦鸡儿	4.633	0.403	0.932 9	3.8	0.95	0.121 8	0.983 2	2.316 6	0.95	0.792 9

Kostiakov 模型祁连山灌木林地土壤入渗过程拟合的 R^2 均值为 0.96，Horton 模型的 R^2 均值约为 0.97，而 Philip 模型的拟合系数均值为 0.84，Kostiakov 模型和 Horton 模型都能较好地模拟祁连山不同灌木林土壤入渗过程，而 Philip 模型对当地土壤入渗的模拟结果较前两个方程差。表 6-9 为土壤入渗与各影响因子的相关分析。

表 6-9　土壤入渗与各影响因子的相关分析

	初渗速率	稳渗速率	有机质含量	土壤密度	土壤含水量	总孔隙度	非毛管孔隙度
稳渗速率	0.999**						
有机质含量	0.901**	0.923**					
土壤密度	−0.959**	−0.964**	−0.584				
土壤含水量	0.982**	0.981**	0.542	−0.979**			
总孔隙度	0.928*	0.931	0.620	−0.992**	0.967**		
非毛管孔隙度	0.995**	0.998**	0.444	−0.956*	0.978**	0.918*	

注：**表示检验在 5%的水平上显著，*表示检验在 1%的水平上显著。

土壤初渗速率和稳渗速率与土壤有机质含量、自然含水量和孔隙度，尤其是非毛管孔隙度呈极显著正相关，与土壤密度呈极显著负相关。

6.2.4.9　土壤水分动态

高山柳灌丛土壤贮存大量的冻结水，6 月 21 日后，随着土壤解冻，此部分水分得到释放，以壤中流形式汇入河川。鬼箭锦鸡儿灌丛地处半阳坡，土壤以冻结形式贮存的水分在 5 月 15 日之前就得到释放，比高山柳灌丛整整提前了一个月时间。金露梅灌丛水分含量在 7 月初前多维持在 45%～100%，至 7 月底由于水分积累，在表层出现高含水量，产生少量的土壤径流。鲜黄小檗土壤水分含量在 20 cm 以下土层小于 30%，处在比较干燥状态；在 7 月底连续降水状态下表层处在高含水量状态，最高时达 150%以上。甘青锦鸡儿在 7 月 10 日以前 0～60 cm 全剖面基本处在土壤干化状态；20 cm 以下的土壤层整个生长季都处在土壤干化状态。

6.2.4.10　径流量和侵蚀量

从径流形式来看，除甘青锦鸡儿样地仅有降雨（超渗）产流外，其他 4 种灌木林样地都同时存在融雪径流和降雨径流，但所占比例各不相同。从土壤侵蚀量来看，与径流量相反，甘青锦鸡儿灌木林最大，吉拉柳最小。高海拔灌木林的水源涵养作用及产流能力均好于低海拔的干性灌木林，对流域的产流贡献较大。表 6-10 为不同灌木林的径流量及径流特征。

表 6-10　不同灌木林的径流量及径流特征

植被类型	海拔/m	降水量/mm	径流量/mm	径流形式及产流量/mm		土壤侵蚀量/（kg/hm²）	径流系数/%
				融雪径流	降雨径流		
吉拉柳	3300	540.7	143.93	34.68	109.25	2.46	26.62
鬼箭锦鸡儿	3300	267.3	105.64	28.06	77.58	2.88	18.62
金露梅	2900	483.3	48.9	20.0	28.9	6.98	10.12
鲜黄小檗	2600	399.0	12.6	4.0	8.6	4.52	3.16
甘青锦鸡儿	2600	388.1	36.2	0.0	36.2	19.15	9.33

6.2.4.11　水源涵养功能评价

由表 6-11 可知，根据综合指数$\sum P_i = P_1 + P_2 + P_3 + P_4 + P_5 + P_6 + P_7$，数值越小，表示植被水源涵养能力越强。吉拉柳灌木水源涵养和水土保持综合能力评价值（0.6770）比其他 4 种灌木类型少 2 个数量级以上，水源涵养和水土保持能力最大。图 6-14 为不同灌木林水源涵养能力评价体系。

表 6-11　不同灌木林类型水源涵养综合评价

植被类型	林冠截留 P_1	树干茎流 P_2	枯落物持水 P_3	土壤持水 P_4	稳渗透率 P_5	壤中流 P_6	地表径流 P_7	综合评价 $\sum P_i$	综合次序
吉拉柳	0.130 0	0.053 7	0.000	0.000	0.000	0.000	0.000	0.677 0	1
鬼箭锦鸡儿	0.287 7	0.238 3	0.059 6	0.097 3	0.331 7	0.266 1	0.170 7	1.451 4	2
金露梅	0.243 5	0.344 1	0.251 8	0.154 7	0.732 6	0.660 2	1.831 7	4.182 6	4
鲜黄小檗	0.000	0.102 8	0.212 2	0.215 8	0.794 6	0.912 4	0.837 4	3.072 5	3
甘青锦鸡儿	0.341 8	0.000	0.462 0	0.307 6	0.950 8	0.745 8	6.78	9.588	5

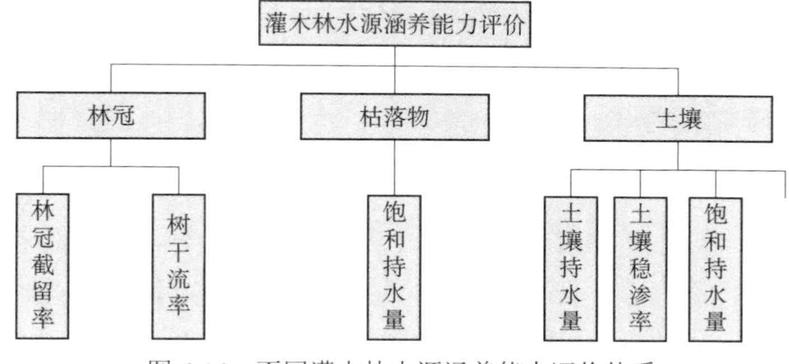

图 6-14　不同灌木林水源涵养能力评价体系

6.2.4.12　生态服务功能评价

根据祁连山清查数据和生态服务功能分布式数据分析：祁连山灌木林具有明显的涵养水源和保育土壤功能，其涵养水源林和保育土壤是青海云杉林的 2.62 倍以上。表 6-12 为祁连山两种主要涵养林型生态服务功能评价。

表 6-12　祁连山两种主要涵养林型生态服务功能评价

树种	涵养水源量/［m³/（hm²·a）］	保育土壤/（t/a）	固碳释氧/（t/a）	营养物质积累/（t/a）	净化大气/（个/cm³）
青海云杉林	180617248.2	3788908.1	15602429.0	50690.7	650
灌木林	473247160.2	1279345.3	42783814.2	8441.3	471

6.2.5　研究结论

（1）单株尺度上的灌丛叶面积指数在一定程度上反映了灌层结构对降雨截留的空间分布，为研究冠层结构对降雨截持作用的尺度转换提供了结构参数。

（2）祁连山典型灌丛类型中，吉拉柳灌丛水源涵养功能最佳，其他从大到小依次是鬼箭锦鸡儿灌丛、鲜黄小檗灌丛、金露梅灌丛和甘青锦鸡儿灌丛。

（3）祁连山径流产流区主要分布在海拔 3100 m 以上的青海云杉林和灌木林，其径流的发生形式为融雪径流和超渗产流。

（4）灌木林是祁连山森林植被类型的重要组成部分，其分布面积占整个森林面积的 68%，在维系区域水量平衡中起着非常重要的作用。

6.3 生态经济植物罗布麻用于矿山生态修复技术研究

6.3.1 罗布麻简介

罗布麻（*Apocynum* spp.）是夹竹桃科（Apocynaceae）多年生宿根草本植物，成活期可达 30 年以上。1952 年，中国科学院的董正钧先生在新疆罗布平原发现并首次命名为罗布麻，其广泛分布于我国的长江、淮河、秦岭和昆仑山以北的区域。新疆是我国野生罗布麻分布面积最大的地区。在世界范围内，罗布麻属植物有 25 种，主要分布于北美洲、欧洲和亚洲的温带、寒温带地区。

罗布麻是一种抗逆性很强的生态经济型植物，耐旱、耐盐、耐寒、耐高温及抗风沙。罗布麻的经济价值主要体现在药用、纤维用、食用和观赏等方面。罗布麻的根、茎、叶、花全草入药。1977 年，罗布麻被正式录入《中华人民共和国药典》，主治高血压，对中老年人肥胖、便秘、气喘、心悸等症尤为适宜。罗布麻纤维素含量高、强度大、抗菌耐腐蚀、手感柔软，光泽度可与真丝相媲美，被誉为“野生纤维之王”。罗布麻是我国干旱荒漠区主要的观赏植物之一，也是优良的蜜源植物和牧草植物。2015 年版的药典中对罗布麻茶的记载：平肝安神，清热利水。用于肝阳晕眩，心悸失眠，浮肿尿少；高血压病，神经衰弱，肾炎浮肿。

6.3.2 罗布麻繁育技术

6.3.2.1 罗布麻种子繁育

罗布麻种子细小，千粒重 0.3 g 左右，罗布麻种子小，幼苗顶土力较弱。播种前用 0.5%的高锰酸钾消毒 2 h，洗净滤干。

用种子繁殖时常采用小拱棚穴播、温室小畦覆膜、露地地膜覆盖 3 种育苗技术。

6.3.2.2　罗布麻根段繁育

将地下根茎切成长 15～20 cm 小段，注意每段带不定芽，并去除腐朽和带病部分，切成后即可直接移植。栽植行株距 60 cm×30 cm 或 40 cm×40 cm，穴深 10 cm 左右，每穴放 1～2 段根茎，然后覆土。一年四季都可栽，但以早春发芽前或初冬土壤结冻前栽植最好。一般栽后 30～40 d 可出苗，以幼嫩根茎发芽成活较快。罗布麻靠近地面的地下根茎长出的株丛，只要带有潜伏芽，也可挖取作繁殖材料。

6.3.3　罗布麻的产业开发前景

6.3.3.1　罗布麻的药用价值和开发前景

罗布麻入药已有近千年的历史，在我国近代科学研究也有半个世纪，1977 年罗布麻正式录入《中华人民共和国药典》。罗布麻全草可入药，性甘苦、微寒，有平心悸、止眩晕、消咳止喘、强心利尿等多种功效。主治高血压，对中老年人肥胖、便秘、气喘、心悸等症尤为适宜。目前开发的罗布麻药物有“复方罗布麻片”“罗布麻降压胶囊”，生产厂家为江苏天士力制药有限公司、山西亚宝药业等，这些生产厂家所需要的罗布麻叶片大部分来自新疆，它们在新疆原产地设点收购干叶，运回厂内提取有效成分，复配制成成品（见表 6-13）。

表 6-13　罗布麻的天然养生功能

降压作用	红麻防治高血压天然有效，安全无副作用，饮用 10 天左右见效，饮用超过半年，血压稳定有效率达 90%以上；其主要有效成分为黄酮类等，可维护血管健康、血压下降
降血脂、降胆固醇	红麻对高脂血症中的血清总胆固醇值 TC、三酸甘油酯值 TG 均有明显的降低作用
解郁安神	红麻能协同戊巴比妥钠的镇静催眠作用，也有一定的抗惊厥作用；红麻叶的金丝桃苷等成分具有防治忧郁的作用
延缓衰老	红麻预防致癌物的侵蚀，并能起到防辐射作用；红麻可减少肝内褐色素，提高抗氧化酶的活性，增强免疫力和抗衰老作用

6.3.3.2 罗布麻的纤维价值和开发前景

罗布麻同时还是一种优良的野生纤维植物，表皮纤维含量高达 81.4%，被誉为最好的天然纺织纤维。纤维的细度和强度相当于苎麻，延伸率很小，与棉纤维和化学纤维混纺后的织品，耐磨耐腐，透气性好，同时抗辐射、抗紫外线，还有药理作用， 是其他纺织原料无法比拟的。目前全国罗布麻纤维产量为 10 万吨，其中新疆占一半。手工剥制的脱胶罗布麻市场价为 13.5 万元/吨，机器剥制的脱胶罗布麻市场价为 9.5 万元 / 吨。脱胶罗布麻的生产厂家以新疆中美合资绿康罗布麻有限公司为主，高档罗布麻面料的纺织以香港华田纺织时装有限公司为主。

6.3.3.3 罗布麻的茶用价值和开发现状

新疆罗布泊地区是我国百岁老人最多的地区之一，长寿的秘诀据说与当地人一年四季都饮用罗布麻茶叶的风俗习惯有关。罗布麻叶子含胶量达 4%～5%，用罗布麻嫩叶揉制发酵的药茶，自然清香，老少皆宜，是一种新型的绿色保健饮品，常饮此茶能起到降血压和降血脂的功效，并能提神明目，败火清热，防治气管炎和感冒，对神经衰弱也有显著疗效。罗布麻叶加入香烟，还能有效缓解烟草中的有害物质。高品质的罗布麻茶叶主产区仍然在新疆，当地从福建、浙江一带聘请熟练的制茶师傅，就地加工包装后，行销全国。另外在浙江中部也有一些厂家，从山东、山西、江苏等地，用冷藏车收购罗布麻鲜叶运回厂内加工，但占国内市场份额较少。我国东部区野生罗布麻植株矮小，表皮纤维短，叶片产量低，只适合制茶或制药。据悉日本有厂商以每根 4 元的价格从我国大量收购罗布麻鲜根，运回国内栽培，用于制茶。据研究，罗布麻茶叶的降压效果比较明显，每天饮用 3 克，半个月左右就可以保证血压稳定，因此民间有“高血压不可怕，一年三斤罗布麻”的说法。

6.3.4 罗布麻的生态价值

6.3.4.1 盐碱地改良的优良植物

我国现有盐碱地 1.5 亿亩，还有大面积的沙荒地和沿海滩涂，仅在宁夏平原的银北地区就有盐碱地 100 多万亩。多年来，人们在开发利用这些盐碱地方面做了大量工作，基本的做法是利用淡水洗盐压碱来改良土壤，然后种植传统作物。由于淡水资源不足，因而盐碱土地的利用规模和效果长期以来没有大的突破。如果在不能耕种的盐渍土上直接引种具有经济价值的盐生植物罗布麻，获得经济效益，不仅能为人类提供纺织原料纤维、造纸原料、中药材、茶叶、蜂蜜等，还能改善生态环境、提供更多的就业机会、促进农村产业结构的调整，这将大大地拓展农业发展空间，收到经济、生态、社会三重效益，其推广应用前景十分广阔。

6.3.4.2　发展生态经济的优质资源

罗布麻是罗布麻降压片的制药原料，也是纺织用的高档纤维。最近十多年来，在回归自然的风潮影响下，罗布麻纺织品特别走俏，罗布麻保健茶也价格不菲，这使得我国新疆罗布麻产区的罗布麻资源遭到掠夺式利用，面临灭顶之灾。面对如此境况，引进罗布麻的种质材料，将会扩大罗布麻的遗传基础，有利于罗布麻的深度开发，其中引进的直立罗布麻（*Apocynum cannabinum L.*）具有叶片肥厚宽大，宽叶罗布麻（*Apocynum androsaemifolium L.*）的植株呈直立状，分枝少茎秆相对较粗，将是一个开发利用茎秆的优良种质资源；宽叶罗布麻分枝多，叶片圆而大，茎秆多呈匍匐型，将是一个开发利用叶部的药用和食用价值以及防沙治沙的优良种质资源。

6.3.4.3　旱区生态修复的好材料

野生植物资源是大自然赐予人类的宝贵财富，合理、科学、有效地开发利用野生植物资源是社会经济发展的需要，它必然会对经济建设、人民生活、社会进步等产生积极的促进作用，并由此带动生态建设、城市绿化建设和林业产业化建设快速发展。宁夏地处我国西北内陆，是荒漠地区沙尘的主要沉降地和沙尘暴向东飘移的沙源地，亦是沙尘暴对东部地区危害的咽喉要道。利用罗布麻资源进行生态环境恢复建设，对再造“山川秀美”、促进经济稳步发展、减少沙尘暴对东部地区的危害，走社会经济可持续发展的产业化道路具有重大的战略意义。

6.3.5 罗布麻用于矿山生态修复技术

6.3.5.1 使用条件

（1）在井工开采煤矿的排矸场，一般的覆土要求是50厘米，这对罗布麻来说已经足够。只要将罗布麻根段苗埋在土中压实，就能成活。

（2）在露天开采煤矿的矸石山，有土壤最好，即使没有土壤只有碎渣和砾石，罗布麻也能够成活。用钩机开挖后将罗布麻根段苗埋入，也能够成活。

6.3.5.2 技术方案

（1）罗布麻根段苗制备技术。将已经生长4～5年的罗布麻田，在春天育苗萌发前用拖拉机将罗布麻根段犁出来，将有芽的根段剪断，即为根段苗。将根段苗暂时埋于土中备用，或者置于阴凉处覆盖，并每天洒水保持湿度，备用。根段苗的直径一般在1～2 cm。

（2）罗布麻根段苗的排矸场栽种技术。在井工开采的煤矿，排矸场一般会用50 cm的土壤进行覆盖，这对栽植罗布麻是非常有利的。人工挖坑栽种也行，但是为了提高效率，一般用拖拉机将矸石场的覆土犁开，犁沟深度 20 cm，将罗布麻根段苗全部放入犁沟底部，覆土后压实。株行距按照 1 m×1 m 即可，或者根据拖拉机所带的农具的尺寸，株行距1 m×1.5 m也可以。

（3）罗布麻根段苗的矸石山栽种技术。在露天开采的煤矿，采煤过程中往往会堆积成很高的矸石山，上面会有很大的碎渣石平台。如果平台上只有碎渣石和砾石，没有土壤，这种情况下种别的植物很难成活，但种植罗布麻是能够成活的。只是栽种比较费工夫，因为人工用铁锹根本挖不动，只能用矿山的机械钩机挖出一个沟来，将罗布麻根段苗放到沟底，然后埋上，株行距同上面所述。

（4）罗布麻根段苗栽植后的管护。如果有滴灌或喷灌条件，那就能保证罗布麻全部成活。如果没有灌溉条件，只要干土层达不到根段苗的深度，罗布麻也是能够成活的。因为罗布麻尽管非常耐旱，但还是更喜欢有水的环境。

6.3.5.3　技术特点

（1）解决干旱区采煤迹地植被难以恢复的难题，且恢复后的植被能够产生一定的经济效益。

（2）恢复后的植被具有较好的景观观赏效果。

6.3.5.4　矿山修复应用案例

2017 年在宁夏灵武市羊场湾煤矿（井工开采）的排矸场进行了试种，成活率在 95%以上（见图 6-15）。

图 6-15　宁夏羊场湾煤矿排矸场上种植的罗布麻

2019 年在贺兰山汝箕沟大峰矿的红梁西排土场种植罗布麻，矸石山的渣土都是砾石，土壤很少，但是罗布麻成活良好。

6.4　野生植物对砂铁矿植被恢复的响应

6.4.1　研究背景

新疆矿产资源丰富，采矿造成的废弃地面积非常大，仅阿勒泰地区青河县阿苇戈壁的砂铁矿废弃地面积达 5 多万亩（李永军，2017），土地受损十分严重（见图 6-16），已影响到当地乃至周边地区社会经济的可持续发展，引起国家和当地政府的高度关注，修复受损生态系统迫在眉睫。当地政府积极行动，试图修复植被，但遇到很多困难。该地区降雨量少，年均温低，常年大风，地形破坏十分严重，土壤扰动剧烈，且没有灌溉条件。在这样干旱冷凉的采矿废弃地进行植被修复，关键的制约因素是水，该区有一定的降雪，是潜在的土壤水资源。如何利用有限的水资源，从耐旱植物的选择和工程措施寻求促进干旱采矿废弃地无灌溉植被修复的途径，是亟待研究的问题。

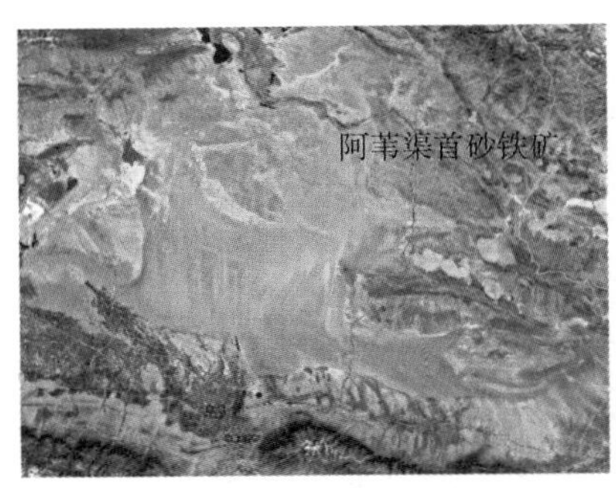

（a）新疆阿勒泰地区青河县阿苇渠首砂铁矿位置

（b）新疆阿勒泰地区青河县阿苇渠首砂铁矿复垦情况

图 6-16　新疆阿勒泰地区青河县阿苇渠首砂铁矿位置以及土地受损、复垦情况

本地野生植物经过长期自然选择已形成了特殊的适应机制，在保护生物多样性和维持自然生态系统平衡方面具有独特的优势，是植被修复潜在的候选植物种。在采矿废弃地植被修复中，有些一年生植物和短命植物在个别地段可以自然发生，但随气候的波动在水分条件不好的年份有可能消失，对群落构建及环境改善作用微小。旱生灌木是荒漠植被的优势生活型，可通过深根及枝叶等的耐旱特性得以建苗存活，为群落构建乃至受损生态系统的恢复奠定基础。本地野生植物的筛选应用一直是干旱区植被恢复的趋势。

种子萌发出苗及幼苗存活是植物生活史的关键阶段，也是种群更新扩展和植物群落构建的开端。雪作为一个重要的生态因子，可通过调节积雪近地表温度、湿度等环境要素而影响植物种子的萌发出苗和生长期，继而影响植物群落的构建。在水分缺乏的干旱区，利用积雪或一定的工程措施能否促进耐旱植物种子萌发出苗，提高植被恢复成效，是有待探讨的问题。该砂铁矿自 2011 年关停后，废弃地有哪些自然发生的植物，本地野生植物尤其是野生灌木在该矿区能否萌发存活，生长如何，对恢复措施和不同立地有怎样的响应，亟待研究。

6.4.2　研究区概况

青河县阿苇渠首砂铁矿位于青河县阿苇戈壁，地理位置在 46°20′58.4″N，90°9′15.6″E，为阿尔泰山前冲积洪积扇，处于额尔齐斯河以南，乌伦古河以北，海拔 1163 m。该砂铁矿距青河县城约 60 km，距乌鲁木齐市约 596 km。但该地区为干旱冷凉地区，年均降水量 189.1 mm，年均降雪量为 34.6 cm，年均温为 1.3℃，无霜期平均为 103 天（青河县气象局），比其他一些地区环境更为恶劣（见表 6-14），且没有灌溉条件。

表 6-14　阿勒泰青河县与其他典型地区的水热状况比较

指标	新疆青河	富蕴	乌鲁木齐	河北坝上
年均降水量/mm	189.1	209.7	271.4	346.7
无霜期/d	103	156	169	88
年均温/℃	1.3	3.8	7.3	1.2
1 月均温/℃	−21.5	−19.3	−15.9	−18.2
7 月均温/℃	17.8	22.8	29.9	18.1

矿区土壤为荒漠淡棕钙土（尹春艳等，2014），据我们测定，土壤质地为砂质黏壤土，pH 为 8.19，盐分含量为 0.077%，有机碳为 0.48%，有机氮为 476 μg/g。除了铝，土壤中重金属均不超标。原生植被为蒿属荒漠（中国科学院新疆综合考察队，1978），盖度约为 5%～20%，优势种为多年生草本植纤细绢蒿（*Seriphidium gracilensces*），组成植物有小蓬（*Nanophyton erinaceum*）、多根葱（*Allium polyrhizum*）、单子麻黄（*Ephedra regeliana*）、镰芒针茅（Stipa caucasica）、短叶假木贼（*Anabasis brevifolia*）、蛇麻黄（*Ephedra distachya*）、绿叶木蓼（*Atraphaxis laetevirens*）、刺木蓼（*Atraphaxis spinosa*）、驼绒藜（*Ceratoides latens*）、新塔花（*Ziziphora bungeana*）、矮大黄（*Rheum nanum*）、阿勒泰狗娃花（*Heteropappus altaicus*）、沙生针茅（*Stipa glareosa*）、蓝刺头（*Echinops sphaerocephalus*）、驼舌草（*Goniolimon speciosum*）、无芒隐子草（*Cleistogenes songorica*）等（见图 6-17），在水分较好的个别地段有欧亚绣线菊（*Spiraea media*）、湿地蒿（*Artemisia tournefortiana*）。

图 6-17 原生植被优势种纤细绢蒿（左上）及植物小蓬、多根葱（左下）和单子麻黄

6.4.3 废弃地自然发生的植物

一个地区的原生植被即顶极植物群落，是对当地降水、温度、地形长期响应的结果。该区原生植被是纤细绢蒿荒漠。开矿时深层土壤被上翻，层层堆积，高达约 20 m，地形破坏非常严重，造成土壤瘠薄，干旱加剧，原生植被已荡然无存。任何一个生态系统都具有自我修复能力，但当系统受损程度超过阈值时，系统的修复过程相当漫长甚至是不可能的。该矿区为干旱、冷凉地区，土壤形成很慢，荒漠植被的修复非常艰难。该矿停产 8 年来，矿业废弃地处于演替初期阶段，植物的发生很少，多年生植物未形成可见的盖度，远远看上去基本是裸地。但在一些条件较好的微生境，仍有自然发生的植物。

废弃地自然发生植物：通过群落调查，废弃地自然发生的共有 45 种，隶属 13 科 31 属。主要有：雾冰藜（*Bassia dasyphylla*）、猪毛菜（*Salsola collina*）、角果藜（*Ceratocarpus arenarius*）、香藜（*Chenopodium botrys*）、盐生草（*Halogeton glomeratus*）、小甘菊（*Cancrinia discoidea*）、纤细绢蒿、大籽蒿（*Artemisia sieversiana*）、灌木亚菊（*Ajania fruticulosa*）、驼绒藜（*Ceratoides latens*）、钝叶黄耆（*Astragalus obtusifoliolus*）、蛇麻黄（*Ephedra diotachya*）、镰芒针茅（*Stipa caucasica*）、戈壁针茅（*Stipa tianschanica*）、尖喙牻牛儿苗（*Erodium oxyrrhynchum*）、

驼舌草（*Goniolimon speciosum*）等。其中，藜科和菊科植物最多，各有 15 种，占总种数的 67%，禾本科、豆科、蓼科分别有 7 种、5 种和 4 种，其他科植物均为 3 种以下。自然发生植物中，大部分为原生植被的组成植物，但有些种并未在废弃地出现，如绿叶木蓼、短叶假木贼、矮大黄等。自然发生的植物多为草本植物和灌木，乔木只有 1 种杨树（*Populus* spp.）。草本植物中，多为短生或一年生植物，大部分可开花结种。这类植物结种量大，扩散能力强，能耐受水热变幅很大的环境，在干旱来临前完成生活史，留下大量种子，属于生活史对策中的选择对策植物。停产 8 年的矿业废弃地处于演替初期阶段，自然发生定居的这些先锋植物随着时间延长和环境的变化将向什么方向发展，还有待更长时间的观测和总结。图 6-18 为矿业废弃地自然发生的植物。

图 6-18　矿业废弃地自然发生的植物（左上为雾冰藜等，右上为灌木亚菊，左下为杨树和大籽蒿，右下为钝叶黄耆）

密度和微生境：从自然发生植物种群密度来看，雾冰藜的密度最大，在尾矿土堆平坦的顶部以及地势较平坦、背风、可集雨集雪的局域地段，均有雾冰藜发生，盖度可达 10%左右，多为片状分布，株高平均约为 10～30 cm，有些地段的最高可达 60 cm。其次为二年生植物大籽蒿在某些地段密度较大，每 10 m^2 约有 4～5 株。还有盐生草，在复垦推平的地面大量发生，尤其是推土机当作业时无意中形成的土垄截留了部分降水，为盐生草等植物的萌发出苗及生长存活提供了良好的条件。原生植被中的优势种纤细绢蒿仅在阳坡个别位置出现，其他植物均为零星分布，在土堆顶部较低洼积水处居然出现了 1 株杨树，土丘间土质较疏松地段还有苔草（*Carex* spp.）。先锋植物发生、分布的这种规律可能与该地区常年风大这一间接生态因子引起的雨、雪再分配有关。图 6-19 为尾矿堆顶部自然发生的雾冰藜和复垦推平地上的盐生草。

（a）尾矿堆顶部自然发生的雾冰藜　　（b）复垦推平地上的盐生草

图 6-19　尾矿堆顶部自然发生的雾冰藜和复垦推平地上的盐生草

6.4.4　播种植物出苗、生长对恢复措施的响应

植物种选择：应青河县林业局的矿区复垦计划，于 2017 年开始进行植被恢复试验。当时已接近冬季，只能采集到结实物候比较晚的纤细绢蒿的种子，其他植物已过种子采集时间。另外从地面扫集了雾冰藜、角果藜、猪毛菜等植物的种子。其他只能就现有种子加以利用，选择了原生植被优势种纤细绢蒿、矿区外其他地区植被组成植物中的野生灌木泡果沙拐枣（*Calligomum junceum*）、长枝木蓼（*Atraphaxis virgata*）、梭梭（*Haloxylon ammodendron*）、霸王（*Zygophyllum xanthoxylon*）、红砂（*Reaumuria songarica*），以及其他干旱地区的柠条锦鸡儿（*Caragana korshinskii*）、白皮锦鸡儿（*Caragana leucophloea*）、粗毛锦鸡儿（*Caragana dasyphylla*）、荒漠锦鸡儿（*Caragana roborovskyi*）、树锦鸡儿（*Caragana arborescens*）等，另外选用了商品种黄花草木樨（*Melilotus officinalis*）和药用种黄耆（*Astragalus* spp.）。

微地形营造及立地选择：在无灌溉条件的干旱矿区，只能从耐旱植物的选择以及汇集水分的人工措施入手来解决水问题。播种地选择了尾矿堆、复垦地开挖水平沟、穴坑、旋耕。水平沟约 1 m 宽 50 cm 深，在风的作用下，水平沟和丘间低地汇集了一定量的积雪，待来年春天积雪融化时，可使土壤有足够水分，在温度上升到一定程度时种子即可萌发。

播种时间及方式：于2017年入冬后第二场雪下雪前播种。此时播种的优势有：①温度已下降，雪不会融化，种子在此时不会萌发；②种子播下后被雪覆盖，不致被风吹走或被动物取食；③对有些种子具休眠特性的植物，种子经历的冬季低温和季节性温度湿度变化起到了层积作用，种子休眠得以解除，可在来年春天尽早萌发建苗，在干旱来临前扎下根系，利用土壤深层的水分度过夏季干旱，得以生长存活。作为对照，在未开沟的平地及旋耕地也撒播了相同种子。

（1）一年生植物和短生植物对人工措施的响应。2017年冬撒播的一年生植物和短命植物在第二年春观测表明，在水平沟和旋耕地，在种植的灌木和草本植物萌发之前，有雾冰藜、角果藜、猪毛菜、蔷薇猪毛菜（*Salsola rosacea*）等植物萌发出苗。这可能与开沟后土质较为疏松、保水性较好有关。大部分植株开花结种，可完成生活史。在水分较好的2018年，雾冰藜长势较好，冠丛较大，高度可达40～60 cm，水分不好的生境中长势较弱，干旱来临后成为立枯体（见图6-20）。这些植物盖度很小，但构成了近地面的植被层片，增加了地表粗糙度，对减小近地表风速、固沙有一定作用，继而为其他植物种子萌发和幼苗存活起到了庇护作用，同时结的种子在来年又可萌发。即使被家畜啃食，依然维持一定数量。可见人工营造微地形促进了这些植物的发生，继而可改善地表环境。

图6-20　人工开沟后发生的雾冰藜、猪毛菜、角果藜等植物层片

（2）灌木和多年生植物的响应。人工营造的水平沟等微地形：2017年冬在水平沟和穴坑、旋耕地播种了泡果沙拐枣、长枝木蓼、纤细绢蒿、霸王、红砂、黄花草木樨、药用黄耆、骆驼蓬（*Peganum harmala*）等植物。2018年春夏的观测表明，泡果沙拐枣、长枝木蓼、黄花草木樨的出苗率较高，分别约达60%、71%、85%，其中泡果沙拐枣和长枝木蓼在夏秋季依然陆续有萌发出苗，这可能源于其大部分种子具有不同程度生理休眠，在经历水平沟冬季积雪的低温层积和

湿冷处理后休眠种子在不同时间解除休眠，继而陆续萌发。纤细绢蒿的出苗率约为30%，而红砂未出苗，霸王只出苗2株，随即死亡。骆驼蓬第1年有一些萌发出苗，但第2年均死亡。药用黄耆第1年出苗率很好，但第2年均死亡。穴坑中播种的所有种子均未萌发出苗，个别种子出苗随即死亡。旋耕地上均有出苗，但均无生长量，有的第1年就死亡。从生长量来看，在第1年，泡果沙拐枣和长枝木蓼的生长最好，株高15 cm左右，分枝多，冠幅均较大，而纤细绢蒿和黄花草木樨的生长量仅1～2 cm。第2年，长枝木蓼和泡果沙拐枣（见图6-21）依然长势良好，黄花草木樨株高猛增，达到约45 cm。在第3年春季，长枝木蓼、泡果沙拐枣和黄花草木樨返青和长势均良好。纤细绢蒿第3年返青良好，株高约 5 cm，叶片增大，虽生长量不是很大，但有些植株已抽出花茎。其间，这些植物均被当地家畜啃食，但并未影响其返青和生长。

图6-21 水平沟种植的泡果沙拐枣（左上）、纤细绢蒿（右上）、黄花草木樨以及尾矿土堆上撒播的梭梭（右下）

尾矿堆：2017年冬在大土丘撒播了梭梭，在土堆半阳坡及背风处有幼苗发生，出苗率虽不高，但幼苗长势良好，均存活到了第2年，且分枝较多（见图6-19）。播种在复垦平地上的梭梭出苗尚可，但生长量极小，2年后依然只有2 cm左右。这可能因为梭梭原生境为沙地，更适于生长在土质较疏梭、光线较好、温度较高的生境。2018年冬分别在尾矿堆半阳坡播种了泡果沙拐枣、长枝木蓼、梭梭和柠条锦鸡儿、荒漠锦鸡儿、粗毛锦鸡儿、白皮锦鸡儿。播种后第1年这几种植物春季出苗及生长良好，第2年返青和生长良好，除了半阳坡白皮锦鸡儿未萌发出苗。其中，长枝木蓼、泡果沙拐枣表现尤为突出，植株较高，分枝数最多，而柠条锦鸡儿植株高大，但分株少，其他几种植物生长非常缓慢。其间，这些植物均被当地家畜啃食，但并未影响其返青和生长。

6.4.5　结语

由以上可以看出，在废弃地演替初期，自然发生的植物有45种，其中，密度较大、能成片分布的只有雾冰藜和盐生草，主要发生在水分条件较好的地段。撒播的植物中，尾矿堆半阳坡的梭梭、泡果沙拐枣、长枝木蓼生长良好，分枝较多，可能因阳坡土质疏松、温度较高以及水平沟水分条件较好。水平沟的泡果沙拐枣和长枝木蓼生长良好，分枝较多。水平沟和复垦作业时形成的土垄有利于雾冰藜等植物的生长繁殖。原生植被优势种纤细绢蒿头两年生长极慢，第3年生长加快并生出花茎。

生态修复为退化生态系统趋于稳定的顺行演替，是一个漫长的过程，包括土壤修复、植被修复以及生物群落、环境乃至整个生态系统的修复。在干旱冷凉的矿业废弃地，土壤形成缓慢，不同生活型植物的发生建苗因种、因微地形而异，植物群落形成更是异常困难。以上工作仅是在有限时间内开展的初步研究，进一步的规律还有待选择更多植物、经过更长时间的观测和试验后加以总结。

6.5　贺兰山汝箕沟矿区环境综合整治工程技术案例分析

6.5.1　总体思路

汝箕沟无烟煤分公司大峰露天煤矿（含羊齿采区）、汝箕沟煤矿、卡布梁井、红梁井关停退出，白芨沟煤矿保留整治。坚持在自治区、石嘴山市以及宁夏煤业公司的统一领导和部署下，按照“审批一处、治理一处、验收一处、销号一处”

的原则，稳步推进实施贺兰山自然保护区外围环境综合整治修复工作。

6.5.2 矿区概况

汝箕沟矿区开采历史久远，生态环境综合整治修复整治点多、范围广、工程量大、遗留欠账多，有矿界内的、也有矿界外的，有宁夏煤业公司造成的、也有外部单位造成的。

汝箕沟无烟煤分公司所属 5 对煤矿，对照《贺兰山生态环境综合整治修复工作方案》《关于依法关停宁夏贺兰山国家级自然保护区外围石嘴山段工矿企业及相关设施的通告》决定，该公司坚持生态优先原则，卡布梁井露天复采于 2013 年 11 月停工至今，红梁井于 2014 年 9 月井工已“关井闭坑”，汝箕沟煤矿、大峰露天煤矿羊齿采区（上组煤）露天复采于 2016 年 7 月停工至今，大峰露天煤矿大峰采区（下组煤）2018 年年底露天停工，目前仅保留白芨沟煤矿 160 万 t/a 产能维持生产。

6.5.3 环境治理工程进度情况

（1）2017—2018 年环境治理完成情况。2017～2018 年汝箕沟无烟煤分公司累计完成渣台治理面积 369.27 hm^2，其中：

1）2017 年治理汝箕沟煤矿上一上二、阴坡大岭湾采区排土场以及汝箕沟矿区进出通道渣台共 9 处，实际完成治理面积 269.58 hm^2。

2）2018 年治理汝箕沟煤矿上三井筒区域渣台、白芨沟南翼露头火渣台、汝箕沟煤矿工业场地采区排土场等共 9 处，实际完成治理面积 99.69 hm^2。

（2）2019 年环境治理预计完成情况。2019 年汝箕沟无烟煤分公司预计渣台治理面积 700.71 hm^2，其中：

1）大峰露天煤矿东外排土场环境治理工程。

工程估算总投资 1100.42 万元，面积 125.7 hm^2，土石方工程量 78 万 m^3，挡石墙工程量 0.7 万 m^3，覆土工程量 15.8 万 m^3，植被恢复工程播撒草籽面积 141.9 hm^2。工期 20 个月，其中治理期 13 个月、监测管护期 7 个月。

该工程于 2019 年 1 月开工，截至 4 月 10 日削坡放坡、覆盖表土、场地平整、挡墙砌筑、细化亮化等渣台工程已完工，具备阶段性验收条件；5～6 月实施了播撒草籽等工作，预计 2020 年 6 月前完成监测、管护工程。

2）红梁西翼渣堆环境治理工程。

工程估算总投资 3331.64 万元，面积 351.89 hm^2，土石方工程量 222.26 万 m^3，挡石墙长度 218 m，覆土工程量 40.33 万 m^3，植被恢复工程播撒草籽面积 375.12 hm^2。工期 27 个月，其中治理期 20 个月、监测管护期 7 个月。

该工程于 2019 年 4 月 1 日开工，截至 8 月 31 日已完成挖方量 139.6 万 m^3。目前，红梁西翼渣堆以及Ⅰ、Ⅱ、Ⅲ、Ⅳ、Ⅴ段渣台工程即将完工，进入细化收尾阶段。计划 10 月 31 日前完成削坡放坡、覆盖表土、场地平整、挡墙砌筑、细化亮化等工作，达到阶段性验收条件；计划 2020 年 5 月完成播撒草籽等工作，6～12 月完成监测、管护工程。

3）11～12 月，组织实施大峰露天煤矿羊齿采区排土场 181.08 hm^2 和红梁井渣台 42.04 hm^2 的环境治理工程。

6.5.4　汝箕沟矿区排土场环境治理技术

矿区环境治理工程主要配备斗容≤2.6 m^3 液压挖掘机、45 t 自卸卡车、ZL-50 装载机、推土机、TR50 洒水车、刮路机、压路机作业。

排土场最终平盘台阶和边坡的削坡整平，在各平盘留有反坡，坡度为 3%—5%，确保水路畅通避免暴雨冲坏台阶，并进行覆盖黄土，改良土壤，铺设喷灌确保植物成活率。在排土场最终台阶与边坡上均种植速生耐旱、耐贫瘠的植物，如芨芨草、蒿子、山杏核等本地物种。图 6-22 为排土场环境治理参数。

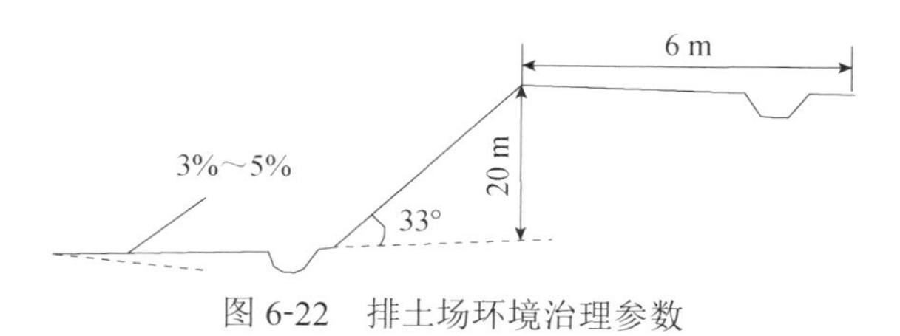

图 6-22　排土场环境治理参数

环境治理过程中不能将渣土大量往下部甩，如果自上而下降段至最低台阶后会比原边坡角凸出 5～20 m 宽的渣土量，会侵占保护区。所以要采用以拉运为主，原地降段削放坡为辅的施工措施。主要工序环节为勾机采装、汽车运输、勾机洗坡面、装载机分筛黄土、人工播撒草籽。图 6-23 为各工序作业流程，图 6-24 为马道、平台细部大样。

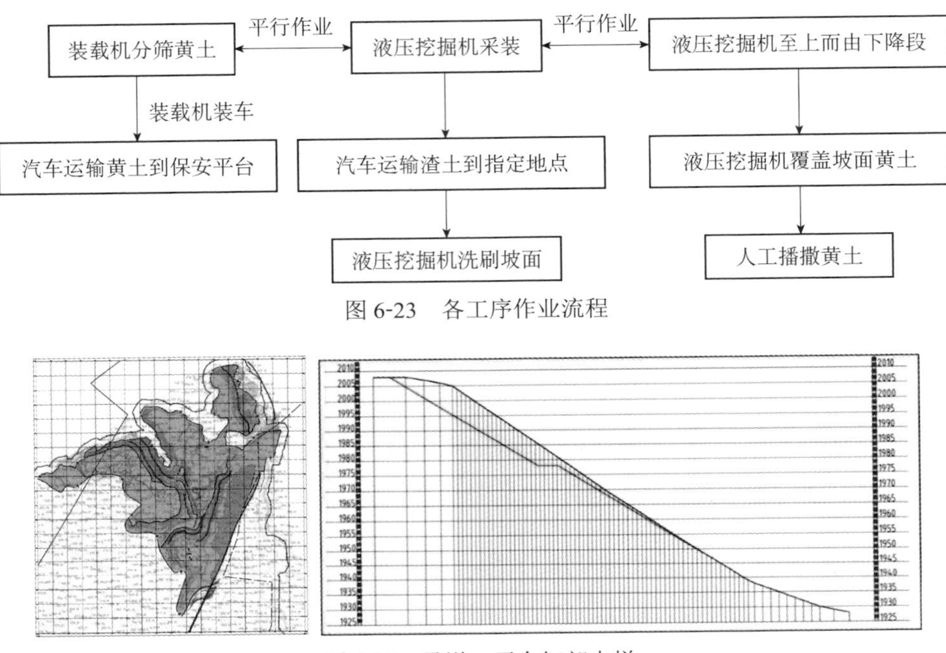

图 6-23　各工序作业流程

图 6-24　马道、平台细部大样

6.5.5　汝箕沟矿区排土场治理初期效果

汝箕沟矿区以建设绿色矿山为目标,完成矿区排土场治理面积 15000 亩，排土场植被覆盖率由原来的 10%提高到 40%以上。汝箕沟无烟煤分公司被宁夏列为全区矿山土地复垦绿化示范工程，矿区生态治理模式成为宁夏矿山生态恢复治理的典范。图 6-25 为排土场生态治理前后，图 6-26 为排土场植被恢复效果。

(a) 排土场生态治理前

(b) 排土场生态治理后

图 6-25　排土场生态治理前后

图 6-26　排土场植被恢复效果